物理学実験

第 7 版

大阪公立大学 国際基幹教育機構
物理学グループ 編

学術図書出版社

刊行にあたって

　本書は，大阪公立大学工学部，農学部，獣医学部１年生を対象に実施される物理学実験のために編集を行ったものである．本書のもとになるのは，旧大阪府立大学工学域，生命環境科学域で使用されていた教科書「物理学実験（第６版）・大阪府立大学高等教育推進機構物理学グループ編，学術図書出版社発行」である．旧大阪府立大学では，2005 年に大学改革が行われた．当時，これに伴いカリキュラムの大改訂も行われ，物理学実験の内容も見直すこととなった．再編集するにあたり説明の補充を行い，古い図版，語句の差し替えを行い統一的な記述とした．今回，大阪公立大学の発足と共に新しい実験テーマを取り入れるなどの工夫を行った．

　物理学実験は，次に示す目的をもっている．(1) 実験を通して物理現象に触れ自然科学の基本法則と構造を理解すること，(2) 物理量を測定することで実験装置に触れ，実験技術を向上させること，(3) 得られた実験値の適切なる処理，その吟味，評価，考察に基づいて第三者に伝えるための報告書作成を身につけることである．

　理科離れが危惧されている今日，入学試験の多様化，高校でのカリキュラムの違いなどにより理科系学部においても十分に物理を履修していない人たちがいる．このような状況を考慮してできるだけ丁寧に記したつもりである．物理現象を学ぶことで物理学に対して興味を引き寄せることができるのなら嬉しい限りである．受講生は，この書を紐解き，個々の実験は何の目的で行うのかを念頭に浮かべ，自ら手足が動くことが大事である．能動的に取り組める貴重な機会であり講義とは異なる楽しみが生まれることを期待する．そのために，今後とも力の及ばない箇所を補足改訂していくことをやまない．

　本書のもとになった教科書は，旧大阪府立大学の先達の執筆に発する．その後，編者を中心に長年にわたり加筆削除を重ねてきている．一部は，執筆者を特定するのが困難であるが，執筆者が明らかな同輩諸兄を共著者として以下に挙げさせて頂き，ここに感謝の意を表したい．

2005 年４月に「金属棒の密度の測定」を加えて改訂を行った．

2006 年４月，2007 年４月に見直しを行い一部の修正を行った．

2012 年４月に新実験テーマの追加および一部修正を行った．

2013 年４月，2013 年４月，2014 年４月，2016 年４月，2017 年４月に見直しを行い一部の修正を行った．この間に「光と物質の相互作用」を追加した．

2021 年４月，一部の実験を削除し，「水量系による熱の仕事当量の測定」を追加した．
また，見直しを行い一部の修正を行った．

編者一覧（2021 年 4 月）
梅澤憲司，譚ゴオン，福田浩昭，星野聡孝（50 音順）

共著者一覧
梅澤憲司，上浦良友，木舩弘一，古我知峯雄，坂田東洋，佐々木逸雄，竹内省三，寺井慶和，中西繁光，溝川悠介，吉森　晋（50 音順）

B3棟　4階　平面図（略図）

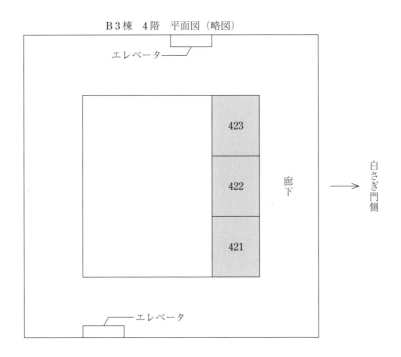

エレベータ

423

422

421

廊下

白さぎ門側

エレベータ

目　　次

物理学実験をはじめるにあたって …………………………………………………1

測定値の取り扱い ……………………………………………………………………8

1-1　金属棒の密度の測定 ………………………………………………………19

1-2　落下の実験 …………………………………………………………………24

1-3　単振り子 ……………………………………………………………………28

1-4　ボルダの振り子 ……………………………………………………………34

1-5　ユーイングの装置によるヤング率 ………………………………………38

1-6　弦の固有振動 ………………………………………………………………44

1-7　バネ振動の実験 ……………………………………………………………49

1-8　水熱量計による熱の仕事当量の測定 ……………………………………52

2-1　光学：光とは何か？ ………………………………………………………57

2-2　光の屈折 ……………………………………………………………………59

2-3　光の干渉 ……………………………………………………………………64

2-4　光の回折 ……………………………………………………………………69

2-5　偏光 …………………………………………………………………………74

2-6　原子スペクトル ……………………………………………………………78

2-7　光と物質の相互作用―赤外光の透過と吸収― …………………………85

3-1　ブラウン管オシロスコープ ……………………………………………101

3-2　ダイオードの特性 ………………………………………………………112

3-3　トランジスタの特性 ……………………………………………………116

3-4　インピーダンスと直列共振回路 ………………………………………125

3-5　過渡現象 …………………………………………………………………137

3-6　電磁力の測定 ……………………………………………………………147

付録 ………………………………………………………………………………155

　単位 ……………………………………………………………………………155

　単位の換算表 …………………………………………………………………160

　一般定数 ………………………………………………………………………161

　元素の周期表 …………………………………………………………………162

　元素の密度 ……………………………………………………………………163

　水の密度 ………………………………………………………………………164

　水銀の密度 ……………………………………………………………………164

　重力加速度の実測値 …………………………………………………………165

　　弾性定数 ……………………………………………………………166

　　水の表面張力 ………………………………………………………167

　　水の比熱 ……………………………………………………………167

　　種々の物質の比熱 …………………………………………………167

　　光学ガラスと水の屈折率 …………………………………………168

　　熱電対の規準起電力 ………………………………………………169

　　抵抗のカラーコード表 ……………………………………………170

　　単位の 10^n 倍の接頭記号 ………………………………………171

　　ギリシャ文字 ………………………………………………………171

　　実験題目 ……………………………………………………………172

実験記録 …………………………………………………………………173

物理学実験をはじめるにあたって

1. はじめに

　「この世界はどのようにできているのだろうか?」という素朴な疑問は誰にもあるであろう. 自然科学はこの素朴な疑問に対して実験, 理論を積み重ねて普遍的で誰もが納得できる法則性を体系化したものである. 自然科学という芸術品を鑑賞する, あるいは何か推理小説を読むかのような興味をもって物理学実験に取り組むと, 頭でだけでなく体の感覚でも物理現象が理解できるようになるであろう. 逆にいうと単位を取得するために授業に参加するというのは非常に効率が悪い勉強法といえる. 物理学現象そのものに興味をもって取り組めば内容も理解でき, 結果として単位が取得できることになるであろう. 最先端技術に関する実験でも多くの基本的な実験装置の組み合わせであったりする. 皆さんは将来において自ら実験装置を試作する人になるかもしれません. また研究結果を発表し科学の発展に寄与されるかもしれません. 物理学実験を通して自然科学を楽しんで下さい.

2. 物理学実験の目的と注意事項

　物理学実験の目的は次のとおりである.

(1) 物理現象を自分で実験することによりその理解を深めることが大きな目的である. 実験テーマは与えられるが抽象的な概念として高校まで, あるいは大学1年生の物理学講義で理解してきたことを具体的な知識として身に付ける. また, 様々な実験を通して客観的に自然現象を観察できるようにする.

(2) 報告書 (レポート) を作成するにあたり必要な知識を習得する. 自ら実験を行い, 物理現象をよく観察し, 実験データをノート (背表紙がとじたノート) に記入する. 物理現象に対する考察を行い, 最終的に報告書としてまとめる.

次に注意事項を述べる.

(1) **与えられた実験テーマについて必ずこの教科書を読み, 予習を行う.** あらかじめ実験目的, 原理, 使用する実験器具, 実験方法を十分に理解しておく. 卓上で予習してきたことを実験を通して理解することで喜びを得るようにする. 予習ができておらず, 授業開始となってはじめて教科書を読むようでは限られた時間内に実験を終了することが極めて困難となり, 効果はあげられない.

(2) 実験は2,3名で共同で行う. 共同作業であるので他の人に迷惑がかからないよう**実験開始時間を厳守する. お互いの役割を適宜交換し, 単なる傍観者とならないようにする.**

(3) 実験が終了したら必ず題目ごとに**報告書を提出する.** 提出期限は担当教員が定める期日までとする. **提出期限は厳守する.**

(4) 授業中は他の人達の迷惑にならないように静寂にする．**授業中の飲食，喫煙，携帯電話の使用（電卓代わりの使用も含める）は一切禁止する．**

(5) 実験開始にあたり不足している実験器具があれば直ちに担当教員に申し出る．また実験中に装置が壊れたり，異常が生じた場合は必ず申し出る．

(6) 実験装置を操作開始する前に使用方法について十分理解する．たとえば電気関係の器具を用いる場合は配線を十分に確認する．各種電源装置は，その出力が最小になるようにセットしてからスイッチをオンにする．また実験終了時は，出力を最小の状態に戻した後にスイッチを切ること．

(7) 実験データを記録するにあたり**必ず背表紙が閉じた実験専用ノートを準備する．**ルーズリーフやレポート用紙に実験データを記入することは一切認めない．実験データは自らが得た世界で唯一のものと考えるべきである．散逸しやすい方法での実験データ記入は非常に愚かなことである．

(8) 実験データの測定は，測定値の有効数字や誤差に留意し数回繰り返す．**測定値は，測定と同時に各人が準備した実験ノートに記入し，直ちにグラフ用紙にプロットする．**実験データをグラフにプロットしながら実験を進めていくことはたいへん重要である．

(9) 得られた一連の**実験データから求めようとする物理量の概算を行うこと．**計算過程は丁寧にノートに記入する．概算値が不適当なものと判断されるときは実験方法そのものを再度検討して再実験を行う．

(10) 数値計算を行うため**関数電卓を各自持参する．**また興味ある人は，実験室に配置されているPCの利用も可能なので担当教員に申し出る．

(11) 数値計算により結果が出た場合は**単位を必ず明記**して，グループ全員で担当教員に実験ノートを見せる．この際に出席を取る．しかしながら実験結果に不備が認められる場合は再実験を行うことがあるので，**実験装置は担当教員の指示があるまで勝手に片付けないこと．**

(12) 担当教員から実験を終了してよいとの指示があった場合は，実験装置，器具類，説明書などを点検し所定の場所に戻す．次の人が実験を行いやすいように配慮する．

3. 実験専用ノートについて

　必ず背表紙が閉じた実験専用ノートを準備する．注意事項でも述べたがルーズリーフ，レポート用紙を実験専用ノートとすることは一切認めない．ノートには予習として実験題目，目的，簡潔に原理を書く．実験中に測定したデータは表の形式で記録する．必ずしも美しく記帳する必要はないが，共同実験者や担当教官が実験専用ノートを見ることが多々あるので第3者が見てもわかる程度には記帳する．概算や電卓を使った計算過程，メモ，実験中に気がついたことは全てノートに記録する．また実験開始時刻，終了時刻，天候，気温，湿度などのデータも記録する．報告書（レポート）はノートを見て書くので，ノートを見れば全てがわかるようにしておくことが大事である．ノートは適宜提出してもらう．

表 1 実験ノートでのデータ記録の一例

マイクロメータによる金属球の直径の測定（mm）

1 回目	12.354
2 回目	~~12.353~~　12.355（目盛の読み取りミス）
3 回目	12.349
4 回目	12.351
5 回目	12.352
平均値	12.3522̇

4．概算について

　実験中は目的とする物理量が得られているかどうかを絶えずチェックする姿勢が大切である．そのためにはやたら滅法と実験データをとるのではなく，目的とする物理量が得られているかどうか，実験がうまく進んでいるかどうかを確認する意味で概算を試みることを勧める．概算は有効数字の桁数をはしょって計算することである．その場ですばやく計算結果を出すことに意味がある．全データをとってはじめて概算を行い，実験の失敗に気がつくのは愚かである．概算で見当をつけながら実験を進める．また概算の過程は必ず実験専用ノートに記録する．概算過程において単位を検討することも忘れないこと．物理量には必ず単位がつく．

5．グラフの利用について

　グラフは実験結果を表示する上において重要であるが，実験を進める上においても重要である．ある物理量の連続的な相関関係を知る場合，グラフによってはじめてわかることはよくある．いま，得られた実験データが納得できるものか，次の測定点をどこに定めるべきなのか，またその測定値はどのくらいの値になりそうなのかを判断しながら実験を行う指針になるのがグラフである．測定点も変化が急なところはたくさんとることが大事である．全実験データをとった後にグラフを作成するようではグラフを描く利点が発揮できないばかりか，実験そのものが間違っていることに後から気がつくという無駄が生じてしまう．

　グラフ用紙は教員控室に準備してあるので申し出る．方眼紙，片対数，両対数どのグラフ用紙を利用するかは各自で判断する．縦軸，横軸は何を表しているのかタイトルをつける．また目盛，数値，単位を記入する．たとえば数値の「ゼロ」が縦軸，横軸両方について存在する場合は，両軸に数値の「0」を記入する．実験データが明瞭に見えるように「○」「×」などの記号を利用してプロットする．得られたデータが直線上に並ぶ場合は傾斜が45度となるように縦軸，横軸の目盛を選ぶ．測定点より得られる曲線，直線は単に点と点とを折れ線で結んではいけない．曲線，直線のまわりに測定点が均等に分布するように滑らかに描くことが大事である．また測定開始と終わりの測定点に特別な意味はないので，これらの点を無理矢理に通すような線を引かないことである．ここで述べているのは実験中のグラフの作成方法で，報告書（レポート）ではグラフは別途見かけがよ

いものにする．線の引き方については次章「測定値の取り扱い方」で述べる最小 2 乗法を参考にする．

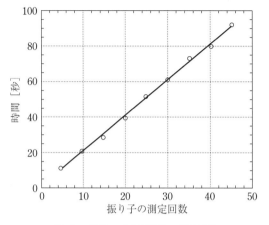

図 1 グラフ（方眼紙）の記入例

解説 片対数グラフとは何ですか？

　私たちが普段よく使うグラフ用紙は両軸が 1 mm の等間隔で目盛られた方眼紙である．理工系ではこの他に片対数，両対数などのグラフ用紙をよく使う．片対数グラフとは片方の軸の目盛は 1 mm 間隔であるが，もう一方の軸が対数目盛（常用対数）になっているグラフである．対数目盛は，縦軸に示すように対数（log）をとった値の間隔でふってある．であるからもちろん，等間隔ではない．またゼロはない．たとえば y 軸の目盛の数を数えると自動的に $\log y$ になっている．

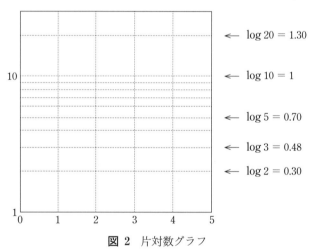

図 2 片対数グラフ

対数用紙にプロットした例を示す．$y = 10^x$ という関係を満たす次の数値，

表 2 $y = 10^x$ の関係

x	0	1	2
y	1	10	100
$\log(y)$	0	1	2

を，縦軸に y の log をとってグラフにプロットする場合は片対数グラフを用いると次のようになる．比較のために方眼紙にプロットした場合も掲載する．図 4 は，$y = 10^x$ の両辺を対数にとった関係式，$\log y = x$ を書いたことに相当する．また $y = ax^n$ の場合，両辺の対数をとると $\log y = \log a + n \log x$ となる．すなわち $\log y$ は $\log x$ の 1 次式で表されているから両対数グラフは直線となる．直線の傾きが n を示す．$\log x = 0$ すなわち $x = 1$ において縦軸と交わる点の縦座標が $\log a$ に相当する．

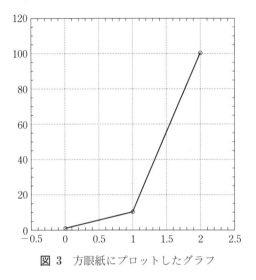

図 3　方眼紙にプロットしたグラフ

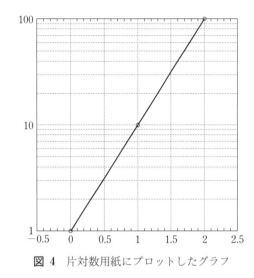

図 4　片対数用紙にプロットしたグラフ

両軸に対数をとったものを両対数グラフという．図 5 にプロット例を示す．

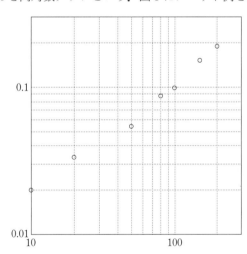

図 5　両対数用紙にプロットしたグラフ

6．報告書（レポート）の作成方法

　報告書は，自分が行った実験をまとめて第 3 者に内容を適切に伝えることを目的として作成する．すなわち，**報告書の内容を知らない第 3 者が読んで理解しやすいように意識して書く**ことが大事である．自分では当然と思っていることでも第 3 者は知らないことが多々ある．だから丁寧に書

くように心がける．報告書では，主張したいことを明確に，実験事実に基づいて客観的に書くことが大事である．理工系の報告書ではこのような観点から共通した書き方がある．また第3者にわかりやすいように図（グラフを含めて報告書ではグラフを"図"という表現で扱う），表を使う．新しい現象を発見した科学者が作成する報告書と基礎的な事柄を学ぶための学生実験の報告書とでは少し違いがあるが，基本的には似ている．ここでは，将来研究者として報告書が作成できることを意識しながら実験報告書の基本的スタイルについて述べる．

(1) 表紙

実験題目，学域，学類，班番号，学籍番号，実験者名（共同実験者を含む），実験実施日，気象条件（天候，気温，湿度），報告書提出日を記載する．表紙は報告書の顔である．

(2) 実験目的

実験の目的を書く．**簡潔に記し，目的が読み手に伝わるように書くこと．**

(3) 理論

実験の背景にある理論を記述する．教科書の中に記されているが，そのまま丸写しするのではなく各自の理解にもとづいて自分の言葉で要点よく書くこと．解析に必要な式もここで書く．書いた式は出てくる順番に番号を打つ．たとえば，

$$F = ma \tag{1}$$

というように記する．

(4) 実験方法

実験方法は読者がそのとおりに再現しても同じ実験結果が得られるように書くことが大事である．料理でいうとレシピーに相当する．また報告書を作成しているときにはすでに実験が終了しているので，**実験方法は必ず過去形で書く．**現在形では書かない．現在形で書くとこれから実験を行うかのような印象を与えてしまう．実験に用いた器具の名称，型番号も書くこと．実験装置を図として描写することも読み手に対して効果がある．

(5) 結果と考察

実験を行い，得られた結果を図，表を用いて記する．上でも述べたようにグラフは図という範疇に入る．また用いた図，表には通し番号と題目を必ず入れる．得られた実験結果から何がわかり，それに対してどのように考えるかを書く．結果と考察が報告書では最も重要な部分であり，報告者が自己主張できる部分でもある．報告書の評価も結果，考察にたいへん重点をおいている．考察では実験結果に基づいて考えられることを客観的にかつ説得力あるように書くこと．最終のデータ処理結果は，たとえば○.○○×10△△（単位）のように書くこと．考察は感想文とは違うので「実験が難しかった」，「実験がうまくいった」などの感想文は書かないこと．

(6) 参考文献

報告書を作成するにあたり参考とした著書を書く．具体的には引用番号，著者名，著書名，引用したページ番号，出版社名，出版年を書く．また報告書のどこで引用したのかがわかるように報告書の中の文中に引用番号を書く．文中に引用番号を記した例と参考文献を書いた例を示す．

例：$\sin \theta \approx \theta - \dfrac{1}{6}\theta^3$ ……(4) 式を用いて計算を行った [1].

参考文献

[1]　沼倉三郎「測定値計算法」pp. 45-50，森北出版，1987 年.

[2]　吉田卯三郎「六訂物理学実験」pp. 102-103，三省堂，1988 年.

[3]　……

（7）　注意事項

　　データの捏造，改ざんは，絶対に行ってはいけない．発覚した場合は，「不合格」とする．報告書には必ず**ページ番号を打つ**．繰り返しになるが報告書は第 3 者が読んでわかるように表現を工夫して書くこと．報告書は自分の勉強のために書く．必ず独力で完成させる．**他人の実験データや報告書を写す行為は自ら学ぶ機会を閉じる行為である**．またこのような行為は定期試験でいうと不正行為になる．**発覚した場合は写した人だけでなくレポート，実験データを提供した人も受講を取り消しかつ単位不認定として厳しく処分する**．1 科目においてでも不正行為があった場合は，その科目に限らず他の科目の単位不認定にもつながり必然的に留年となるので決して行わないこと．

測定値の取り扱い方

　物理学実験では自然現象に現れる量を基準を決めて数量的に扱う．これが物理量である．物理量には基準がある．この基準が単位である．物理量は数値と単位の組み合わせで示す．数値だけで示すのではなく必ず単位が伴うことに注意する．

1. 有効数字とその計算の仕方

　測定値は後に述べるように誤差を含む．たとえば長さの値を読むとき定規の置き方，目線の置く位置などで"真の値"を知ることは困難である．このために同じ測定を何回も繰り返すことがよくある．つまり得られた数値は"真の値"に対する近似値を示している．数学では数値 10 と書くと，これは 10.000… と無限に '0' が続くことと等しくなる．10 = 10.000 と表現できる．しかし物理学では長さが 10.0 cm という場合，長さが 10.1 cm でもなく 9.9 cm でもなく確かに 10.0 cm と判断されたことを示す．これは 0.01 cm の桁までは読めなかったことを示す．つまり物理量では示す数値，桁数には限界があることがわかる．言い換えれば数値，桁数をこと細かに何桁にもわたり書き記すことは意味がない．この事情に対して物理量で扱う数値の桁数を信頼性があるところで打ち切る．信頼性をもって主張できるまでの数字を有効数字（significant figure）という．要するに物理量は有効数字の範囲内で議論されるべきであるということである．いま述べた 10.0 cm の場合，有効数字は 3 桁となる．10.00 cm の場合は有効数字が 4 桁となる．これは，9.995 cm よりは大きいが 10.004 cm より小さいことを示している．これらからわかるように 10.0 cm と 10.00 cm とは物理量として区別されることになる．また単位を変えても有効数字に変化はない．10.0 cm の場合，10.0 cm = 1.00×10^2 mm となり有効数字は 3 桁である．指数部分は位取りに過ぎない．もうひとつ例を示す．大阪-東京間の距離を測定して 600,000 m とする．この場合，有効数字は 6 桁であり 1 m の部分に誤差が含まれていることを示す．これは単位をもたない数値で示される 600 k（k = 10^3）とは意味が異なる．

　実際に得られた測定値を使って加減乗除を行う過程で有効桁数は変化してくる場合がある．以下，具体的に示す．

（1） 加減算

　加算を示す．102.5 cm＋73 cm＋12 m の場合をみる．単位において cm と m が混在しているので最初に単位を統一する．この場合は m に統一する．すると 1.025 m＋0.73 m＋12 m となる．

　○印で示されている数値は誤差を含んでいることを示している．

　1 行目，2 行目にある数値 ⑤，③ は加算しない．1② が有効数字 2 桁であるために最終的には 2 桁（14 m）になる．これを 13.755 m とするのは間違いである．

　次に減算を示す．減算も加算と同様に位取りを揃える．23.45 cm－23.3 cm の場合で考えよう．

$$
\begin{array}{r}
1.02⑤ \\
0.7③ \\
+)1② \\
\hline
1③.7
\end{array}
$$

○印で示された数値は誤差を含んでいる．23.45 cm は 4 桁であるが 23.3 cm は 3 桁である．この場合は 0.2 cm となり有効数字は 1 桁となる．0.1 cm $= 1 \times 10^{-1}$ cm と同じである．0.1 の '0' は位取を意味する．これを有効桁数 2 桁とするのは間違いである．引き算では，桁落ちがあるため注意を要する．

$$
\begin{array}{r}
23.4\,⑤ \\
-)\;23.\,③ \\
\hline
0.\,①\,⑤
\end{array}
$$

（2） 乗除算

最初に計算過程で用いる測定値の有効数字を調べる．「桁数で最も小さい有効数字の桁数よりも 1 桁多く計算してその桁を四捨五入」し，求める．具体例を示す．金属球の質量を $m = 7.8$ g，半径を $r = 3.02$ cm として密度を求める．この場合，単位系が c.g.s でそろっているためそのまま計算を行なえばよい（計算は楽である）．実際に計算を行うと

$$
\rho = \frac{m}{\frac{4}{3}\pi r^3} = \frac{7.8\,[g]}{\frac{4}{3} \times 3.142 \times (3.02\,[cm])^3} = 6.7\bcancel{5} \times 10^{-2}\,[g/cm^3] = 6.8 \times 10^{-2}\,[g/cm^3]
$$

となる．ここで 4/3 は定数であり測定値ではないので有効桁数を考える必要はない．π の値は測定値において最も多い桁数よりも 1 桁以上多くとり，π で誤差が生じないようにしなければならない．今回の場合 4 桁を採用した．7.8 g は 2 桁，3.02 cm は 3 桁である．桁数が最も小さいのは 7.8 g の 2 桁である．電卓を使って計算を行うと 0.067597223 g/cm^3 となるが，必要なのは 3 桁（2 桁より 1 桁多く計算）のみであり，四捨五入し最終的に 2 桁とする．電卓で表示される数値をむやみやたらと実験ノートに記録しても無駄であることがわかる．π の数値であるが，実際には電卓で π のボタンを押して表示される 8～12 桁の値をそのまま使えば誤差は極めて小さくなる．報告書（レポート）では上記例のように，実際に用いた π の数値を必ず記載する．

2．有効数字を考えた測定

実験においては与えられた測定器具の能力を最大限に引き出し，かつ必要有効桁数を見通して測定することが重要である．有効桁数の判断の仕方を示す．計器を使って数値を読み取る場合，最後の桁数までを有効数値とする．アナログ式計器では最小目盛の 1/10 まで読み取り有効桁数とする．では具体的に測定値を求める場合に大事なことを先に述べた密度の計算を利用して再検討してみよう．

$$
\rho = \frac{m}{\frac{4}{3}\pi r^3} \tag{1}
$$

に着目する．(1) 式の両辺の対数をとり，その全微分を考えると

$$
\left| \frac{\Delta\rho}{\rho} \right| \leq \left| \frac{\Delta m}{m} \right| + \left| \frac{\Delta\pi}{\pi} \right| + 3\left| \frac{\Delta r}{r} \right| \tag{2}
$$

となる．ここで $\Delta m/m$ などを**誤差率**と呼ぶ．いま $m = 7.8$ g，$\Delta m = 0.1$ g であったとすると誤差率は 0.013 となり 1.3% の誤差をもっていることがわかる．π は定数であるが計算に用いる π の近似値と正確な π の値との差を誤差とみなしている．(2) 式右辺に注目すると $|\Delta m/m| : |\Delta\pi/\pi| : 3|\Delta r/r| = 1:1:3$ の比になっていることがわかる．これは金属球の半径 r がもつ誤差率は

m, π より 3 倍大きいことを示している．言い換えれば半径 r を測定するときは質量 m を測定するときよりもより注意が必要であることを示している．

　実験で直接測定するデータの精度は測定器に支配される．求める最終計算結果は測定値のからみにより思っていたより粗い場合もある．加減算においては必要な測定値は位を合わせた測定を行うことが有効である．乗除算においては最も有効桁数が少ない測定値よりも他の測定値を 1 桁以上多く計測する努力が大切である．電卓を用いて必要有効桁数以上の計算結果を示す人がいるが，これは有効数字の考え方が理解できていないことを示しているのと同じである．実際に計測する場合，以上示したように精度よく測定する努力を行うこと．

3．誤差とその分類

　ある物理量を測定した場合 "測定値－真の値" を誤差（error）と呼ぶ．測定値には様々な要因により必ず誤差が生じる．具体的な要因としては計測器がもつ癖，気温，湿度に示される気象条件からくる実験条件，測定者自身がもっている偏向（計測時における目線）によるものが考えられる．誤差を性質によって分けるとだいたい次の 3 種類になる．

系統誤差：測定値にある定まった影響を与える原因に基づく誤差のことを示す．たとえば後述するマイクロメータの例では，もしそのゼロ点がずれている場合，これを無視して測定を行うと，この誤差はたとえば 10 回の測定全てに共通して現れる．これを取り除くためにはゼロ点を補正しなければならない．また気温が極端に高いか低く計測器として適正な働きを示さない温度範囲で使用した場合，マイクロメータは熱膨張または収縮して測定値に一定の誤差を含むことになる．系統誤差の場合は原因を知ることで除去できる．

個人誤差：測定者の個々の偏向に由来する誤差を示す．マイクロメータは 0.01 mm 以下 1/10 まで目測によって測ることができるが測定者によっては常に実際の値よりも大きくまたは小さく読み取る傾向がある場合がある．このような誤差は多数の実験者が同一の条件下で得た測定値を平均化することでその大部分を取り除くことができる．

偶然誤差：実験条件を一定に保って注意深く測定を繰り返し，かつ系統誤差や個人誤差を取り除いたとしても測定値にはばらつきが残る．細心の注意を払って測定してもなお，取り除くことができない誤差を偶然誤差と呼ぶ．この誤差は測定値の信頼を左右するもので取り扱い方法は後述する．

4．偶然誤差の取り扱い

　針金の太さをマイクロメータにより 10 回測定した場合，10 回の測定値が全く同一となることはまれで実際には測定値にばらつきがあるのが通常である．マイクロメータは 0.01 mm を最小目盛としてさらにその 1/10 の 0.001 mm まで測定することができる．このとき読み取り値のばらつきは 0.001 mm のところで起こっている．このようにして得られた個々の測定値（x_i）と真の値（x）との差が最初に述べた誤差（ε_i）である．ある物理量の真の値を x としてこの物理量を n 回測定し各々の値を $x_1, x_2, x_3, \cdots, x_n$ とする．真の値からのずれ，すなわち誤差

$$\varepsilon_i = x_i - x \quad (i = 1, 2, 3, \cdots, n) \tag{3}$$

は経験によると次のような現れ方をする．

　① x_i の頻度分布は測定回数が大きければ限りなく x を中心として限りなく左右対称に近づく．

　② x_i は x に近い値ほど数多く出現し，x から離れた値が現れる頻度は低くなる．

　③ 絶対値が非常に大きな誤差が起こる頻度はほとんどゼロとなる．

　これを数学的に表現するために誤差が ε と $\varepsilon + \mathrm{d}\varepsilon$ との間にある確率を $f(\varepsilon)\,\mathrm{d}\varepsilon$ としたとき $f(\varepsilon)$ のことを誤差の分布関数と呼ぶ．上の条件を満たす関数の1つとして導き出されたのがガウス（Gauss）の関数

$$f(\varepsilon) = \frac{h}{\sqrt{\pi}}\,\mathrm{e}^{-h^2\varepsilon^2} \tag{4}$$

である．h は正の定数である．誤差が正から負の無限大の間のいずれかの値をとる確率は1に等しいので

$$\int_{-\infty}^{+\infty} f(\varepsilon)\,\mathrm{d}\varepsilon = 1 \tag{5}$$

となる．図2にはガウス分布が示されている．これからわかるように h は誤差の分布の広がりの度合いを示す値である．この値の大きさにより誤差のばらつきが決まる．

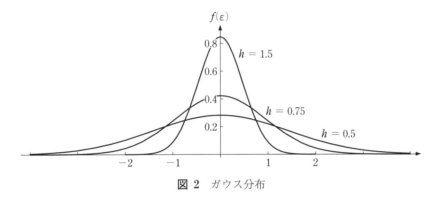

図 2　ガウス分布

最確値：私たちは，真の値 x は知り得ないが，代わりに最も確からしい値 x_0（最確値）を測定結果から求めることは可能である．各測定値を x_i とした場合，

$$S = \sum_{i=1}^{n} (x_i - x_0)^2 \tag{6}$$

で定義される関数を考える．これは x_0 からの x_i の偏差の2乗の和を示している．いま S の値を最小にするような x_0 の値を求めてみよう．S の極値が得られる条件は

$$\frac{\mathrm{d}S}{\mathrm{d}x_0} = -2\sum_{i=1}^{n}(x_i - x_0) = 2\left(-\sum_{i=1}^{n} x_i + nx_0\right) = 0 \tag{7}$$

となる．ここで，x_0 は決まった値であるから $\sum_{i=1}^{n} x_0 = nx_0$ となる．（7）式から直ちに

$$x_0 = \frac{\sum_{i=1}^{n} x_i}{n} = \bar{x} \tag{8}$$

であることがわかる．結局，測定値の平均値 $\bar{x}$ は測定値に対する偏差の2乗の和 S を最小にする

値であることがわかる．このように物理量の最確値を求める方法を最小2乗法（method of least squares）という．しかしながら平均値にも当然誤差が含まれている．では平均値の誤差について検討する．

平均値の誤差：測定中に起こる誤差は，測定値のばらつきで実際に現れる．個々の測定値の誤差は真の値を x とすると（3）式で示される．誤差の分布の様子，特にばらつきの範囲を調べたい場合，ε_i 自身の平均ではなく先ほど同様に ε_i の2乗平均に着目してみるとよい．

$$\overline{\varepsilon_i{}^2} = \frac{\sum\limits_{i=1}^{n}(x_i-x)^2}{n} = \frac{\sum\limits_{i=1}^{n}\varepsilon_i{}^2}{n} \tag{9}$$

ここに示す $\overline{\varepsilon_i{}^2}$ を測定値の分散（variance）と呼び，その平方根

$$\sigma = \sqrt{\frac{\sum\limits_{i=1}^{n}\varepsilon_i{}^2}{n}} \tag{10}$$

を標準偏差（standard deviation）と呼ぶ．標準偏差は測定値のばらつきの範囲を示す量であり別名，測定値の平均2乗誤差（standard error）とも呼ばれている．ところで私たちは真の値 x を知りえないので ε_i を個々に知ることはできない．しかし x の代わりに平均値 $\bar{x}$ を用いた量，つまり

$$r_i = x_i - \bar{x} \tag{11}$$

によって定義される量は計算できる．ここに示す r_i を残差（residual）と呼ぶ．これらの2乗平均はもちろん直ちに計算ができ，

$$\overline{r_i{}^2} = \frac{\sum\limits_{i=1}^{n}(x_i-\bar{x})^2}{n} \tag{12}$$

となる．いま，ε_i と r_i の定義に従うと次のように展開できる．

$$\varepsilon_i = x_i - x = (x_i-\bar{x})+(\bar{x}-x) = r_i+(\bar{x}-x) \tag{13}$$

$$\therefore \quad \sum_{i=1}^{n}\varepsilon_i{}^2 = \sum_{i=1}^{n}\{(x_i-\bar{x})+(\bar{x}-x)\}^2 = \sum_{i=1}^{n}\{r_i+(\bar{x}-x)\}^2$$

$$= \sum_{i=1}^{n}r_i{}^2+2(\bar{x}-x)\sum_{i=1}^{n}r_i+\sum_{i=1}^{n}(\bar{x}-x)^2$$

$$= \sum_{i=1}^{n}r_i{}^2+n(\bar{x}-x)^2 \tag{14}$$

となる．（14）式において $\sum\limits_{i=1}^{n}r_i = 0$ は，n の大小に関わらず成り立つ．また

$$(\bar{x}-x)^2 = \left\{\sum_{i=1}^{n}\frac{x_i-x}{n}\right\}^2 = \frac{1}{n^2}\left(\sum_{i=1}^{n}\varepsilon_i\right)^2 \cong \frac{1}{n^2}\sum_{i=1}^{n}\varepsilon_i{}^2 \tag{15}$$

となる．測定回数 n を増やすと右辺のように近似ができる．式（15）を式（14）に代入し

$$\sum_{i=1}^{n}\varepsilon_i{}^2 = \sum_{i=1}^{n}r_i{}^2+n\frac{1}{n^2}\sum_{i=1}^{n}\varepsilon_i{}^2 = \sum_{i=1}^{n}r_i{}^2+\frac{1}{n}\sum_{i=1}^{n}\varepsilon_i{}^2 \tag{16}$$

となる．（16）式を変形していくと

$$n\sum_{i=1}^{n}\varepsilon_i{}^2 = n\sum_{i=1}^{n}r_i{}^2+\sum_{i=1}^{n}\varepsilon_i{}^2 \tag{17}$$

$$\therefore \quad (n-1)\sum_{i=1}^{n}\varepsilon_i{}^2 = n\sum_{i=1}^{n}r_i{}^2 \tag{18}$$

となり，最終的に

$$\sigma = \sqrt{\frac{1}{n}\sum_{i=1}^{n}\varepsilon_i{}^2} = \sqrt{\frac{1}{n-1}\sum_{i=1}^{n}r_i{}^2} \tag{19}$$

となる．(19)式が測定値の平均2乗誤差を示している．通常電卓にプログラムされている標準偏差を用いて計算すると式(19)で得られた結果となる．また平均値の平均2乗誤差は(10)式，(15)式，(19)式より

$$\sigma_m = |\bar{x}-x| = \sqrt{\frac{1}{n^2}\sum_{i=1}^{n}\varepsilon_i{}^2} = \frac{\sigma}{\sqrt{n}} = \sqrt{\frac{1}{n(n-1)}\sum_{i=1}^{n}r_i{}^2} \tag{20}$$

となる．

測定値の平均2乗誤差　$\sigma = \sqrt{\dfrac{1}{n-1}\sum_{i=1}^{n}r_i{}^2}$

平均値の平均2乗誤差　$\sigma_m = \sqrt{\dfrac{1}{n(n-1)}\sum_{i=1}^{n}r_i{}^2}$

ただし，$\displaystyle\sum_{i=1}^{n}r_i{}^2 = \sum_{i=1}^{n}(x_i-\bar{x})^2$（$n$：測定回数，$x_i$：測定値，$\bar{x}$ 平均値）である．

5．平均2乗誤差の実例

具体的な計算例を示す．針金の直径 d をマイクロメータを利用して10回測定し，次の結果が得られる．測定値の扱い方は表1に示す通りである．

平均値　　　　　　　　　$\bar{x} = 0.124\,\mathrm{mm}$

表 1　針金の直径の測定値および残差，残差の2乗に関する計算結果

測定回数	測定値　$x_i\,[\mathrm{mm}]$	残差　$r_i\,[\mathrm{mm}]$	$r_i{}^2\,(\times 10^{-6}\,\mathrm{mm}^2)$
1 回	0.123	-0.001	1
2 回	0.121	-0.003	9
3 回	0.125	0.001	1
4 回	0.127	0.003	9
5 回	0.122	-0.002	4
6 回	0.127	0.003	9
7 回	0.123	-0.001	1
8 回	0.124	0.000	0
9 回	0.125	0.001	1
10 回	0.123	-0.001	1
	平均値　$\bar{x}=0.124$		$\displaystyle\sum_{i=1}^{10}r_i{}^2 = 36$

測定値の平均2乗誤差 $\quad \sigma = \sqrt{36 \times 10^{-6}[\mathrm{mm^2}]/(10-1)} = 0.002\,\mathrm{mm}$

平均値の平均2乗誤差 $\quad \sigma_m = \sigma/\sqrt{10} = 0.002[\mathrm{mm}]/\sqrt{10} = 0.00063\,\mathrm{mm}$

針金の直径 d は $(0.124 \pm 0.001)\,\mathrm{mm}$ となる.

補足説明:針金の例では測定値の有効桁数は3桁である('0' は位取に過ぎない).平均値の平均2乗誤差は $0.00063\,\mathrm{mm}$ となるが,小数点以下4桁目を書き記すことはできない.なぜならば測定値は小数点以下3桁のみが有効だからである.よって平均値の平均2乗誤差は '6' の数値を四捨五入して用いる.計算過程では実例のように必ず具体的数値および単位を記入する.式の後にいきなり計算結果の数値がきているような実験ノートの取り方は邪道であり間違いの原因となる.**単位系を常に意識して計算する**ことも重要である.

6. 最小2乗法による直線の求め方

測定値の組合せ (x_i, y_i) をグラフ上にプロットすると図3のようになる.プロットした測定値を見ると,どうやら x と y は比例関係にあると想像がつく.すなわち,$y = ax + b$ の関係で表されることが想像できる.ここで a は直線の勾配,b は切片を意味する.(x_i, y_i) は測定値であるので当然各々の値が誤差を含む.その結果,全測定値が $y = ax + b$ の直線上にのらないと考えられる.直線からのずれの量 δ_n を y 軸に平行な線上で

$$
\begin{aligned}
y_1 - (ax_1 + b) &= \delta_1 \\
y_2 - (ax_2 + b) &= \delta_2 \\
&\cdots \\
&\cdots \\
&\cdots \\
y_n - (ax_n + b) &= \delta_n
\end{aligned}
\tag{21}
$$

とする.この量は一般に正負のどちらも取り得る.この値の2乗和が最小になるように a, b の値

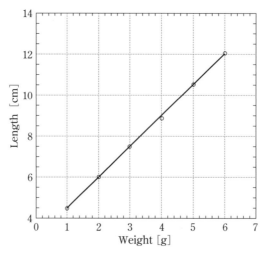

図3 重さを加えたときの長さの変化

を決める．この方法を最小2乗法（method of least squares）と呼ぶ．つまり，

$$S = \sum_{i=1}^{n} \{y_i - (ax_i + b)\}^2 = \sum_{i=1}^{n} \delta_i{}^2 \tag{22}$$

と表現でき，これが最小値をもつための条件は

$$\frac{\partial S}{\partial a} = 0 \tag{23}$$

$$\frac{\partial S}{\partial b} = 0 \tag{24}$$

を同時に満足することである．∂の記号は偏微分（関数が2変数以上をもつ場合の微分）を示している．詳細は数学の教科書で微分を読んで下さい．実際に (22) 式を a で偏微分すると

$$\frac{\partial S}{\partial a} = \frac{\partial}{\partial a}\left[\sum_{i=1}^{n} \{y_i - (ax_i + b)\}^2\right] = 2a\sum_{i=1}^{n} x_i{}^2 + 2b\sum_{i=1}^{n} x_i - 2\sum_{i=1}^{n} x_i y_i = 0 \tag{25}$$

$$\therefore \quad a\sum_{i=1}^{n} x_i{}^2 + b\sum_{i=1}^{n} x_i = \sum_{i=1}^{n} x_i y_i \tag{26}$$

となる．同様に b で偏微分すると

$$\frac{\partial S}{\partial b} = \frac{\partial}{\partial b}\left[\sum_{i=1}^{n} \{y_i - (ax_i + b)\}^2\right] = 2a\sum_{i=1}^{n} x_i + 2bn - 2\sum_{i=1}^{n} y_i = 0 \tag{27}$$

$$\therefore \quad a\sum_{i=1}^{n} x_i + bn = \sum_{i=1}^{n} y_i \tag{28}$$

となる．(26),(28) 式は a, b に関する連立1次方程式となる．a, b について解くと

$$a = \frac{\left\{n\sum_{i=1}^{n} (x_i y_i) - \sum_{i=1}^{n} x_i \sum_{i=1}^{n} y_i\right\}}{\left\{n\sum_{i=1}^{n} x_i{}^2 - \left(\sum_{i=1}^{n} x_i\right)^2\right\}} \tag{29}$$

$$b = \frac{\left\{\sum_{i=1}^{n} x_i{}^2 \sum_{i=1}^{n} y_i - \sum_{i=1}^{n} x_i \sum_{i=1}^{n} (x_i y_i)\right\}}{\left\{n\sum_{i=1}^{n} x_i{}^2 - \left(\sum_{i=1}^{n} x_i\right)^2\right\}} \tag{30}$$

となる．ここで n は測定値の個数を示している．このようにして a, b の最確値が得られる．具体的な例をみよう．つる巻きバネに加重を掛けていきバネの長さを読み取った．すると表2のような実験結果となった．このバネについて自然長と加重1gあたりの伸びを求めることにする．

$$\sum_{i=1}^{6} x_i{}^2 = \{(1.00)^2 + (2.00)^2 + (3.00)^2 + (4.00)^2 + (5.00)^2 + (6.00)^2\}g^2 = 91.00\,g^2$$

$$\sum_{i=1}^{6} x_i = (1.00 + 2.00 + 3.00 + 4.00 + 5.00 + 6.00)g = 21.00\,g$$

表 2　つる巻きバネに加重をかけたときのバネの長さ

加重回数	1 回	2 回	3 回	4 回	5 回	6 回
加重 x [g]	1.00	2.00	3.00	4.00	5.00	6.00
長さ y [cm]	4.48	6.03	7.51	8.89	10.54	12.03

$$\sum_{i=1}^{6} x_i y_i = \{1.00 \times 4.48 + 2.00 \times 6.03 + 3.00 \times 7.51 + 4.00 \times 8.89 + 5.00 \times 10.54 + 6.00 \times 12.03\} \mathrm{g \cdot cm}$$

$$= 199.51 \, \mathrm{g \cdot cm}$$

$$\sum_{i=1}^{6} y_i = (4.48 + 6.03 + 7.51 + 8.89 + 10.54 + 12.03) \mathrm{cm} = 49.48 \, \mathrm{cm}$$

得られた結果を (29), (30) 式に代入すると最確値は $a = 1.504\,\mathrm{cm/g}$, $b = 2.981\,\mathrm{cm}$ となり得られた直線の方程式は $y = 1.504x + 2.981\,\mathrm{cm}$ となる．したがって，バネに加重をかけないときの自然長は $2.98\,\mathrm{cm}$ であり加重 $1.00\,\mathrm{g}$ あたりのバネの伸びは $1.50\,\mathrm{cm/g}$ である．

7． 移動平均法

　図 4 のように複数個の節ができた定常波（振動はしているけど左右に進まない波）の波長 λ を測定する場合，次のような測定方法が有効である．節の位置 $l_3 - l_1, l_4 - l_2, l_5 - l_3, \cdots$ を順次測定する．すなわち，ある一定の幅を順次求めていき平均値を求める．このような方法を移動平均法と呼ぶ．半波長 $\lambda/2$（たとえば $l_2 - l_1$）を求めて 2 倍して λ を求めると誤差が生じやすくなるため，定常波の波長 λ を求める際は移動平均法がよく用いられる．

$$\lambda_1 = l_3 - l_1 \tag{31}$$

$$\lambda_2 = l_4 - l_2 \tag{32}$$

$$\lambda_3 = l_5 - l_3 \tag{33}$$

$$\lambda_4 = l_6 - l_4 \tag{34}$$

$$\lambda_5 = l_7 - l_5 \tag{35}$$

一般的に表現すると平均値は

$$\bar{\lambda} = \frac{1}{n} \sum_{i=1}^{n} \lambda_i \tag{36}$$

と書ける．

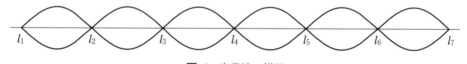

図 4　定常波の様子

8． 誤差伝播について

　測定値はあくまでも最確値であり，誤差を含んでいる．したがって，測定値を使い計算を行って得た値も誤差を含むことになる．このような現象を「誤差伝播」という．たとえば四角形の土地の 2 辺の距離を測定して求めた面積も誤差を含んでいることになる．

　いくつかの測定量の関数として結果が与えられる場合の相対誤差は次のように考えられる．測定結果 W が測定量 X, Y, Z の関数として

$$W = X^p Y^q Z^r \tag{37}$$

で与えられるとする．両辺の対数をとると

$$\log W = p \log X + q \log Y + r \log Z \tag{38}$$

となる．いま X，Y，Z の測定誤差を ΔX，ΔY，ΔZ で表す．測定誤差が，相対誤差に与える影響は式 (38) の両辺を微分して求めることができる．

$$\frac{\mathrm{d}W}{W} = p \frac{\mathrm{d}X}{X} + q \frac{\mathrm{d}Y}{Y} + r \frac{\mathrm{d}Z}{Z} \tag{39}$$

より

$$\frac{\Delta W}{W} = \left| p \frac{\mathrm{d}X}{X} \right| + \left| q \frac{\mathrm{d}Y}{Y} \right| + \left| r \frac{\mathrm{d}Z}{Z} \right| \tag{40}$$

の関係式が得られる．大きな指数をもつ量ほどおよぼす影響が大きいことがわかる．よって大きな指数をもつ量を測定する場合は，測定精度を高める必要がある．

　例を示す．球の密度 ρ を求める．球の直径を D，質量を M，体積を V とする．

$$\rho = \frac{M}{V} = \frac{M}{\dfrac{1}{6}\pi D^3} \tag{41}$$

において両辺の対数をとる．

$$\log \rho = \log M - \log \frac{\pi}{6} - 3 \log D \tag{42}$$

となる．いま π は，十分な桁数がとってあり誤差への影響がないと仮定する．すると (40) 式より

$$\frac{\Delta \rho}{\rho} \approx \left| \frac{\Delta M}{M} \right| + \left| \frac{3\,\Delta D}{D} \right| \tag{43}$$

となる．つまり直径 D の測定精度は，3 倍の影響をおよぼすことがわかる．ここで，ρ の相対誤差を 1% にすることを考える．(43) 式の右辺において各項が同等の影響をもつと考えるのが合理的である．すなわち右辺各項が 0.5%(＝1/200) ずつの誤差をもつとする．$\dfrac{\Delta M}{M} = \dfrac{1}{200}$，$\dfrac{3\,\Delta D}{D} = \dfrac{1}{200}$ より $\dfrac{\Delta D}{D} = \dfrac{1}{600}$ となる．

　仮に質量 $M = 20\,\mathrm{g}$ の場合，$0.1\,\mathrm{g}$ まで測定する必要がいる．

　仮に直径 $D = 1\,\mathrm{cm}$ の場合，$\Delta D = 1/600 \approx 0.01\,\mathrm{mm}$ まで測定する必要がある．この直径を測定するためにはマイクロメータが必要であることがわかる．

報告書（レポート）提出前の点検表

1. 表紙に実験題目が書いてありますか？

2. 表紙に名前，学籍番号，学域名，学類名，班番号，共同実験者名（学籍番号を含む）は書いてありますか？　名前はフルネームで記載して下さい．

3. 表紙に天候，温度，湿度の気象条件は書いてありますか？

4. 目的，理論，実験方法，実験結果，考察が書いてありますか？

5. 実験方法は過去形で書いてありますか？

6. 図，表には通し番号と説明文が書いてありますか？

7. 図，表の通し番号は，図1，図2，…，表1，表2，…となっていますか（グラフは図に分類される．グラフ1とは書かない）？

8. グラフに最大，最小目盛が打ってありますか？　ゼロ点が出てくる場合，各軸に対して‘0’が書いてありますか（X, Y 両軸に‘0’がある場合は合計2つ‘0’が必要）？　また，各軸に対してタイトルと単位が記載されていますか？

9. ページ番号は打ってありますか？

10. 物理量には全て単位が書いてありますか？

11. 計算過程では式を書いた後に具体的な数値（単位記載）を書き，その後に計算結果（単位記載）が書いてありますか（計算過程を必ず書くこと）？

12. 有効数字の桁数は正しいですか？

13. 最小2乗近似を用いて誤差を計算していますか（最小2乗近似の計算過程は表としてまとめて下さい）？

14. 参考文献を記載する場合は，引用番号，著者名，著書名，引用ページ番号　（例：pp. 120—135.），出版社名，出版年が書いてありますか？

15. 考察が感想文になっていませんか（考察は感想文ではありません）？

16. 第3者が読んでわかりやすく書いてありますか？

提出前に上記項目をチエックして下さい．

1-1 金属棒の密度の測定

1. 目 的

断面積（円）が一様で，長さが異なる 5 本の金属棒の直径，長さおよび質量を測定し，試料金属の密度を求める．この実験を通して有効数字，平均二乗誤差について習得する．

2. 原 理

直径 D，長さ L，質量 M の円柱の密度 ρ は

$$\rho = \frac{4M}{\pi D^2 L} = \frac{4a}{\pi D^2} \qquad \text{ただし } a = \frac{M}{L} \tag{1}$$

で示すことができる．断面積が一様であれば a が一定となる．したがって D と a を求めることによって密度 ρ は求められる．

3. 実 験 器 具

金属試料（5 本），定規，ノギス，マイクロメータ，電子天秤，薬包紙

4. 実 験 方 法

(1) マイクロメータを利用して直径 D を測定する．測定前にマイクロメータのゼロ点を確認する．ゼロ点がずれている場合は，測定値の補正を行う．D は測定部分によって微小に異なる可能性があるため，5 本の試料につき，各々 3 箇所，合計 15 箇所を測定し平均値を求める．結果はノートに表にまとめる．

表 1 直径 D [cm] の測定

i	D_i [cm]	i	D_i [cm]	i	D_i [cm]
1		6		11	
2		7		12	
〜					〜
5		10		15	

平均値 　$\bar{D} =$ 　　　　[cm]

(2) ノギスと電子天秤を利用し長さが異なる 5 本の試料について L と M を測定する．M を測定する際は，薬包紙を電子天秤の台におき，Re-Zero のボタンを押して表示をゼロにする．その後に試料を薬包紙の上において計測する．この結果を表（ノート）にまとめて $a = M/L$，平均値 $\bar{a}$ を求める．また横軸に長さ L をとり，縦軸に質量 M をとって方眼紙にグラフを書く．測定点が直線から大きく外れた場合は，測定をやり直す（D, L を mm 単位で測定した場合は，表 3 が CGS 単位系で記載されていることに注意する）．

表 2 　長さ L，質量 M の測定値と $a = M/L$ の値

i	L_i [cm]	M_i [g]	a_i [g/cm]
1			
2			
～			～
5			

平均値　$\bar{a} =$ 　　　　　[g/cm]

5．結果の算出

　精密な密度 ρ の値は，有効数字の桁数を考慮し，$\bar{a}$，$\bar{D}$ を用いて計算できる．この際に実際に使用する π の数値も具体的にノートへ記入する（注意：π は，定数なので計算誤差を減らすために得られた実験値よりも 1 桁以上多く使用する）．計算式は次の通りである．

$$\rho = \frac{4M}{\pi D^2 L} = \frac{4\bar{a}}{\pi \bar{D}^2} = \frac{4 \times \bar{a}}{3.1416 \times \bar{D}^2} \,[\text{g/cm}^3] \tag{2}$$

　次に求めた ρ の平均二乗誤差 m_ρ を計算する．$\bar{D}$ の平均 2 乗誤差 m_D は，

$$m_D = \sqrt{\frac{[vv]}{n(n-1)}} = \sqrt{\frac{[vv]}{15 \times 14}} \,[\text{cm}] \tag{3}$$

より求まる．ここで，$v_i = D_i - \bar{D}$，$[vv] = \sum_{i=1}^{15} v_i{}^2$ である．$[vv]$ は教科書（測定値の取り扱い方）にならってノートに表を作り求める．

　$\bar{a}$ の平均二乗誤差 m_a は，

$$m_a = \sqrt{\frac{[vv]}{n(n-1)}} = \sqrt{\frac{[vv]}{5 \times 4}} \,[\text{g/cm}] \tag{4}$$

より求まる．ここで，$v_i = a_i - \bar{a}$，$[vv] = \sum_{i=1}^{5} v_i{}^2$ である．$[vv]$ は教科書（測定値の取り扱い方）にならってノートに表を作り求める．よって，

$$\frac{m_D}{\bar{D}} = \qquad\qquad\qquad \frac{m_a}{\bar{a}} =$$

となる．m_ρ は誤差伝播の公式により

$$m_\rho = \rho \sqrt{\left(\frac{m_a}{\bar{a}}\right)^2 + \left(2\,\frac{m_D}{\bar{D}}\right)^2} \,[\text{g/cm}^3] \tag{5}$$

となる．相対誤差は $\dfrac{m_\rho}{\rho} \times 100$（％）から求まる．

6．検討と考察

(1) 　測定によって得られた試料の密度を $\rho \pm m_\rho$ [g/cm³] の形で求める．表 3 に理科年表に記載されている金属の密度を示す．測定した試料が何であるかを特定すること．

(2) 　表 3 に示された真値と測定値との相対誤差を求めよ（相対誤差：{|測定値－真値|/真値}×100（％））．

表 3　金属の密度

金 属 名	密 度 [g/cm³]
アルミニウム	2.69
鉄	7.86
銅	8.93
真鍮	8.60

(3)　長さ L と質量 M との関係は1次式（一般に $y = ax + b$）で示されるが，最小二乗法（教科書，測定値の取り扱い方を参考にすること）により係数 a，b の値を求めよ．

(4)　誤差が大きくなった場合は，どこに原因があるのかを考えてみる．たとえば測定値の有効数字の桁数の取り方に間違いはなかったかなどを検討してみる．

7．主尺，副尺

　長さを詳しく測ろうとすると物差しの目盛を詳しくすればよいが，たとえば 1 mm の間に 20 本の線を引けたとしても，それを人間の眼で読み取ることはできない．これを解決したのが副尺である．いま簡単な副尺を作って考えてみよう．

　図 1 において上にある物差しは主尺，下にある物差しは副尺を示す．主尺は 10 cm の長さがあり 1 cm ごとに等分してある．副尺は主尺 9 cm を 10 等分し 9 mm ごとに目盛がしてある．副尺をずらして主尺の 1 の目盛と副尺の 1 の目盛が一致した状態を考えると主尺，副尺の隙間は 0.1 cm となる．さらにずらせて主尺の 2 の目盛と副尺の 2 の目盛が一致した状態を考えると主尺，副尺の隙間は 0.2 cm となる．同様にずらしていくと，最後には主尺の 1 cm と副尺の 0 が一致し隙間は 1 cm となる．

　使い方について説明する．図 2 の灰色に塗られた四角形の長さを測る．この四角形の長さは主尺より 2 cm と 3 cm との間にあることがわかる．主尺と副尺が一致したところを探すと主尺 8 の目盛と副尺 6 の目盛が一致していることがわかる．ここから順に左に目盛をたどっていくと主尺 7 と

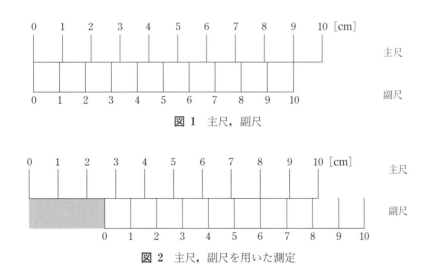

図 1　主尺，副尺

図 2　主尺，副尺を用いた測定

副尺5の目盛との隙間は0.1 cm であることがわかる．同様にみていくと主尺2と副尺0との目盛との隙間は0.6 cm であることがわかる．つまりこの四角形の長さは2.6 cm となる．この数値2.6の6は主尺と副尺の目盛が一致しているところの副尺の目盛にほかならない．以上が副尺を利用した長さの測定方法を示している．

原理についてもう少し詳しく考察する．主尺上の長さ S を利用して副尺を作る．この S を基準長という．主尺の最小目盛を u とする．基準長 S には $M = S/u$ の目盛があることがわかる．一方，副尺の基準長は $u(M-1)$ の長さになる．この間を n 等分すると目盛は M/n に一致することがわかる．そうすると主尺の目盛と副尺の目盛が一致するときの両者の隙間は

$$\varepsilon = u\left(\frac{M}{n}\right) - \frac{u(M-1)}{n} = \frac{u}{n} \tag{37}$$

となる．実験で用いるノギスは主尺の長さ $S = 40$ mm を基準としている．最小目盛は $u = 1$ mm である．目盛数は $M = 40$ である．副尺の目盛は $n = 20$ である．（37）式に代入すると

$$\varepsilon = u\left(\frac{M}{n}\right) - \frac{u(M-1)}{n} = 1\frac{40}{20} - \frac{1 \times (40-1)}{20} = \frac{1}{20} = 0.05 \text{ mm}$$

となる．つまり0.05 mm の整数倍で長さを測定できることがわかる．

次にマイクロメータについて説明する．測定精度は $1/100$ mm（目分量で $1/1000$ mm）である．F（シンブル）を回すと内部に仕掛けられたネジにより A（アンビル）と B（スピンドル）の間隔が変化する．この間に物体をはさみ測定する．C はクランプで B を固定するレバーである．D（スリーブ）上には0.5 mm ピッチの目盛がある．F には円周上に1回転で50目盛がふってある．F を1

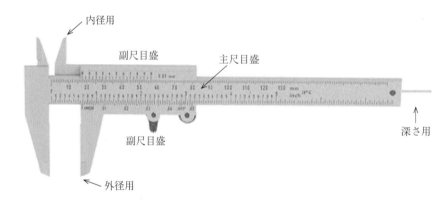

図3　ノギス

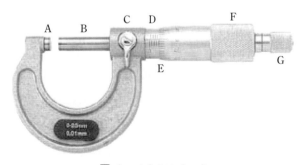

図4　マイクロメータ

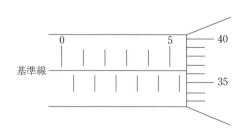

図5　マイクロメータの目盛の読み方

回転するとBは0.5mm移動する．この間にF上の目盛Eは基準線（D上の横線）を50目盛通過することになる．したがって，F上の1目盛は0.5/50 ＝ 1/100 mm となる．使用方法はA, B間に被測定物体をはさみ目盛を読むことになる．この際にG（ラチェット）を使ってBを繰り出す．Gを指でつかんで回転させていき，被測定物体がはさまれて，必要以上の力が加わるとカチカチという音をたてて空回りする．これで不要な物体の変形を防止できる．Fを回して被測定物体をはさむと，必要以上に物体に力が加わり，物体が変形するばかりでなく，マイクロメータを壊す原因となる．結果として正しく測定することができない．**被測定物体をはさむときは必ずGを回してBをくり出す**．図5の例では目盛の読みは5.5＋0.363 ＝ 5.863 mm となる．最後の3は目分量で読む．またマイクロメータの0点は通常ずれているので，必ず0点を数回測定し平均をとった数値を求めておき補正しなければならない（この補正は誤差を小さくするために必要である）．

【補足】 方眼紙を用いたグラフの描き方

　表4に示す実験データを用いて方眼紙にグラフを描く際の注意点を記します．図6は正しいグラフ，図7は誤ったグラフです．図6は縦軸，横軸にラベル，単位，均等な目盛と数値，ゼロ点がありますが，図7は，そうではありません．図7は，データを中心に破線もあります．図6を見本にして下さい．なお，グラフは図に分類されますので，図6，図7が正しくグラフ6，グラフ7とは記載しません．

表 4　金属棒の質量と長さの実験値

金属棒	第1本	第2本	第3本	第4本	第5本
質量 M [g]	1.260	1.904	2.500	3.137	3.798
長さ L [mm]	20.35	30.50	40.00	50.25	60.65

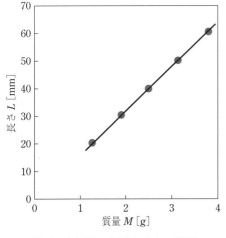

図 6　金属棒の質量と長さの関係
　　　（正しいグラフ）

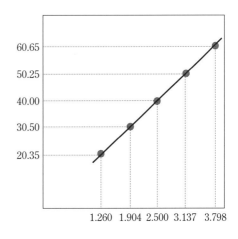

図 7　金属棒の質量と長さの関係
　　　（誤ったグラフ）

1-2 落下の実験

1. 目　的

　およそ400年前，ガリレオはピサの斜塔で落体の実験を行ったと伝えられている．そのねらいは「抵抗がなければ重いものも軽いものも同じように落ちる」という「運動の法則」を確かめることであった．力学では，抵抗のない理想的な場合についての運動を考える場合がほとんどであるが，実際には空気などによる抵抗がある．ここではこのような現実の世界の運動が，理想的な場合とどのように違ってくるのかを調べる．

2. 実　験　原　理

2-1 抵抗がない場合の物体の運動：自由落下

　一定の重力加速度 g のもとで，質量 m の物体が自由落下するときの物体の位置 x と時間 t との間には，空気との摩擦や抵抗を無視すると，(1) 式の関係が成り立つ（重力加速度 g の方向＝鉛直下向きに位置座標 x や速度 v の正の方向をとる）．

$$x(t) = \frac{1}{2}gt^2 \tag{1}$$

ただし，物体の初期位置を原点にとり，初速度も0とする．ある瞬間（時刻 t）の物体の速度 $v(t)$，加速度 $a(t)$ は，(1) 式を t で微分することにより，

$$v(t) = \frac{\mathrm{d}x(t)}{\mathrm{d}t} = gt \tag{2}$$

$$a(t) = \frac{\mathrm{d}v(t)}{\mathrm{d}t} = \frac{\mathrm{d}^2x(t)}{\mathrm{d}t^2} = g \tag{3}$$

となる．これらの式には質量 m が含まれていないので，抵抗がない一定の重力加速度のもとでは，落下運動が質量に依存しないことがわかる．

2-2 抵抗がある場合の物体の運動

　物体が，液体とか気体の媒質中を運動する場合には，媒質が物体に抵抗力 R をおよぼす．抵抗力は常に，媒質に対する物体の運動方向と反対向きに作用する．この抵抗力は一般に速度とともに増大し，具体的には，航空機や自動車に対する空気抵抗（抗力ともいう）や，液体中を運動する物体に作用する粘性力などがその例となる．

　一般に抵抗力は速度に複雑に依存する場合が多いので，以下では抵抗力が速度に比例する場合と速度の2乗に比例する場合の2つを考える．速度に比例する抵抗力の例は，媒質中を落下する物体とか空気中を運動するほこりのような非常に小さい物体の場合であり，速度の2乗に比例する抵抗力の例は，重力により空気中を自由落下するスカイダイバーのような大きな物体の場合が知られて

いる．

（1） 速度に比例する抵抗力

物体が粘性のある媒質中を低速で運動するとき，物体はその速度に比例する抵抗力を受ける．抵抗 R が

$$R = kv \tag{4}$$

の形をもつと仮定する．ここで，v は物体の速度であり，k は媒質の性質と物体の形状および大きさとに依存する定数である．物体が半径 r の球であるときは，

$$k = 6\pi\eta r \tag{5}$$

となり（η は媒質の粘性率），k は r に比例することが知られている（ストークスの法則）．

質量 m の球形の物体をある媒質中で静止状態から放す場合を考える．球に作用する力は，抵抗力 kv と重力 mg だけであると仮定（実際には浮力も働いているが，浮力は大きさ一定で，物体が排除した媒質の重量に等しい．したがって，浮力は球の重量を一定の因子だけ変化させるように働く）すると，物体に働く力は，鉛直下向きの方向を正に選び，

$$F = mg - R = mg - kv \tag{6}$$

と表され，ニュートンの第 2 法則 $F = ma$ を適用すると，

$$ma = mg - kv \tag{7}$$

が得られる．ここで加速度 a は下向きである．この式から

$$a(t) = \frac{\mathrm{d}v(t)}{\mathrm{d}t} = g - \frac{k}{m}v(t) \tag{8}$$

という微分方程式が得られる．この式は，最初に $v = 0$ であるときは，抵抗力がゼロで加速度 a は g であり，時刻 t が増加するにつれて速度が増加し，それに比例して抵抗力が増大して，加速度は減少する傾向を示している．やがて抵抗力は重力と等しくなり，加速度はゼロとなって速度一定で運動を続ける．そのときの物体の速度を終速度（あるいは終端速度）と呼び，この終速度を v_f とすると方程式 (8) から $a = 0$ とおくことにより，

$$g - \frac{k}{m}v_\mathrm{f} = 0 \qquad \therefore \quad v_\mathrm{f} = \frac{mg}{k} \tag{9}$$

となる．$t = 0$ のとき $v = 0$ であるから，方程式 (7) を満たす v は

$$v(t) = \frac{mg}{k}\left(1 - \mathrm{e}^{-\frac{kt}{m}}\right) = v_\mathrm{f}\left(1 - \mathrm{e}^{-\frac{t}{\tau}}\right) \tag{10}$$

となる．係数 $\tau = m/k$ は物体がその終速度の 63 ％ に達するまでに要する時間で，これを時定数と呼ぶ．

（2） 速度の 2 乗に比例する抵抗力：空気抵抗（抗力）

飛行機とかスカイダイバー，野球のボールのように高速で空気中を運動する大きな物体の場合，抵抗力はその速さの 2 乗にほぼ比例し

$$R = Kv^2 \tag{11}$$

のように表せる．さらに，ρ を空気の密度，A を運動方向に見た物体全体の断面積，C を抵抗係数と呼ばれる無次元の実測値とすれば

$$K = \frac{1}{2}C\rho A \tag{12}$$

となる．抵抗係数は物体の形状に大きく依存するが，球形の物体では約 0.5 であることが知られている．

このような抵抗力を受けている飛行中の飛行機の場合，抵抗力は空気の密度に比例し，したがって，空気の密度が減少するとともに減少する．空気の密度は高度とともに減少するから，飛行機に作用する抵抗力も高度とともに減少し，高高度での飛行が効率的であることがわかる．

ここで大きさが (11) 式で与えられる上向きの空気抵抗を受ける物体の落下運動について考える．質量 m の物体を位置 $x = 0$ に静止している状態から放すと仮定する．この物体は，外力として下向きの重力 mg と上向きの抵抗 R を受ける（上向きの浮力は無視する）．したがって，力の大きさは

$$F = mg - R = mg - Kv^2 \tag{13}$$

と表せる．これにニュートンの第 2 法則 $F = ma$ を適用すると，この物体は下向きに大きさ

$$a(t) = g - \frac{K}{m}v(t)^2 \tag{14}$$

の加速度をもつことがわかる．この場合も，重力が抵抗力とつり合う場合には正味の力がゼロとなり，それゆえ加速度がゼロとなるので，終速度 v_{f} は (14) 式で $a = 0$ とおいて

$$g - \frac{K}{m}v_{\mathrm{f}}{}^2 = 0 \qquad \therefore \quad v_{\mathrm{f}} = \sqrt{\frac{mg}{K}} = \sqrt{\frac{2mg}{C\rho A}} \tag{15}$$

となる．この式を使って終速度が物体の大きさにどのように依存するかを考える．物体が半径 r の球であると仮定すれば，断面積 $A \propto r^2$ であり，また質量 $m \propto r^3$ である（$\because$ 質量は体積に比例）．それゆえ，$v_{\mathrm{f}} \propto \sqrt{r}$ となり，半径 r の増加に対して，終速度は半径の平方根に比例して増加することがわかる．

3．装 置

落下物体（鉄球，プラスチック球，発泡スチロール球など），ストップウォッチ，定規，メスシリンダー，マイクロピペット，油，水，砂糖など

4．実 験

(1) 自由落下

① 落下させる物体を選び，空気中で自由落下させ，初期位置 x_0 から位置 x_n まで落下するのにかかる時間 t_n を測定する．添え字の n は測定点の番号である．

② 測定値から時間と位置のグラフを作成し，この運動の考察を行う．

③　必要ならば速度や加速度を求めよ（「6．参考事項」参照）．

④　物体を代えて，同様の測定と解析を行い，物体による違いを考察する．

（2）　抵抗がある場合の落下運動

①　油を入れたメスシリンダー中に，ピペットで一定の大きさの水滴を作って静かに離して落下させ，（1）と同様に初期位置 x_0 から位置 x_n まで落下するのにかかる時間 t_n を測定する．

②　測定値から時間と位置のグラフを作成し，この運動の考察を行う．

③　必要ならば速度や加速度を求めよ．

④　水滴の大きさを変えて，同様の測定を行い，大きさによる運動の違いを考察する．

⑤　濃度の異なる砂糖水を作成して同様の測定を行い，濃度による運動の違いを考察する．

5．検討事項

（1）　大阪の重力加速度はいくらか調べよう．北海道と沖縄での重力加速度も調べて比較しよう．場所により重力加速度の値が違うのはなぜだろう．

（2）　ガリレオはピサの斜塔で落体の実験を行ったという逸話が残っているが，50 m の高さから物体を落とすと地上に到達するのに何秒かかるだろうか．

（3）　抵抗係数 k が大きいと，落下するにしたがって速度はどのように変化するだろうか．

（4）　雨滴などの速度がどのようになるか調べてみよう．

6．参考事項

　ここで測定する位置 x と時間 t は不連続なデータであるので，（2）式のような微分は行えない．このような場合は，次のように微小区間での差分をとって，各測定位置での平均速度，平均加速度，

$$v_n = \frac{\Delta x_n}{\Delta t_n} = \frac{x_{n+1} - x_{n-1}}{t_{n+1} - t_{n-1}} \tag{16}$$

$$a_n = \frac{\Delta v_n}{\Delta t_n} = \frac{v_{n+1} - v_{n-1}}{t_{n+1} - t_{n-1}} \tag{17}$$

を算出する．

1-3 単 振 り 子

1. 目 的

　質点とみなし得るおもりを軽い糸でつり下げ，重力の作用のもとで1つの鉛直面内で振動させる装置を単振り子（以下，単に「振り子」と呼ぶ）という．

　振り子の運動は数々の力学現象の中でも，その定量的な観測が比較的容易であり，実験室の中で簡単な装置を用いることによって，その現象の背後にある物理学を理論と実験の両面から考察することのできる数少ない実験テーマの1つである．本実験では，振り子の運動に関する実験データを，適切な近似を用いた理論と比較することによって，確かに力学の法則が成り立っていることを学ぶことが目的である．

2. 振り子の運動の理論

　おもりの質量が m，糸の長さが l の振り子の運動を考える．振り子の運動は糸の支点を含むひとつの鉛直面内に制限されるので，図1に示すように，その鉛直面内に，糸の支点 O を原点とし，鉛直方向を x 軸，水平方向を y 軸とする直角座標（デカルト座標）を考えると，空気の抵抗を無視すれば，質点の x 方向，y 方向の運動方程式は，それぞれ次のように書き表すことができる．

$$m \frac{\mathrm{d}^2 x}{\mathrm{d}t^2} = mg - S \cos \varphi \tag{1}$$

$$m \frac{\mathrm{d}^2 y}{\mathrm{d}t^2} = -S \sin \varphi \tag{2}$$

ただし，S は糸の張力，g は重力の加速度である．おもりの運動は糸の張力によって，糸の支点を中心とする半径 l の円周上に束縛されている．このような運動を束縛運動といい，この例の糸の張力のように，質点を一定の軌道に保つための力を束縛力という．

　ところで，

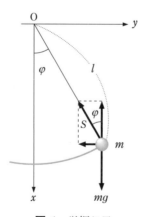

図 1 単振り子

$$x = l \cos \varphi, \qquad y = l \sin \varphi \tag{3}$$

という関係があるが，注1に示すように，$\cos \varphi$，$\sin \varphi$ をマクローリン級数に展開したとき，$|\varphi|$ $\ll 1$ ならば，1に対して φ^2 以上の項を無視すると

$$\sin \varphi \approx \varphi, \qquad \cos \varphi \approx 1 \tag{4}$$

と近似することができ，(3)式は

$$x = l, \qquad y = l\varphi \tag{5}$$

となる．したがって，(1),(2)式は，それぞれ

$$m \frac{\mathrm{d}^2 x}{\mathrm{d}t^2} = mg - S \tag{6}$$

$$m \frac{\mathrm{d}^2 y}{\mathrm{d}t^2} = -S\varphi \tag{7}$$

と表すことができる．また，(5)式より

$$\frac{\mathrm{d}^2 x}{\mathrm{d}t^2} = 0 \tag{8}$$

であるから，(6)式より

$$S = mg \tag{9}$$

となり，この近似では張力は一定であることがわかる．これを(7)式に代入すると

$$\frac{\mathrm{d}^2 y}{\mathrm{d}t^2} = -\frac{g}{l} y \tag{10}$$

となる．あるいは，(5)式を用いると(10)式は

$$\frac{\mathrm{d}^2 \varphi}{\mathrm{d}t^2} = -\frac{g}{l} \varphi \tag{11}$$

と表すことができる．ここで，$\omega_0 = \sqrt{g/l}$ とおくと，(11)式は

$$\frac{\mathrm{d}^2 \varphi}{\mathrm{d}t^2} + \omega_0{}^2 \varphi = 0 \tag{12}$$

となる．これはよく知られた単振動の方程式であり，その一般解は

$$\varphi = \varphi_0 \cos (\omega_0 t + \alpha) \tag{13}$$

である．φ_0, α はそれぞれ，おもりの最大の振れ角（振幅）および初期位相であり，与えられた初期条件によって決定される定数である．この振り子の周期 T は

$$T = \frac{2\pi}{\omega_0} = 2\pi \sqrt{\frac{l}{g}} \tag{14}$$

となり，周期は $\sqrt{l}$ に比例するが，振り子の振幅やおもりの質量には依存しないことがわかる．このことを**振り子の等時性**という．

　以上，振り子の振れの角度が小さい場合の近似解を求めたが，振れの角度が小さくない場合の振り子の運動は，初等関数では取り扱うことのできない手強い問題である．関心のある人は，参考文献1,2を参照されたい．

3．実　験　装　置

単振り子（金属球，ナイフエッジ支示棒，つり環，つり線），鉄製スタンド，メモリー付ストップウォッチ，ノギス，金尺，読み取り望遠鏡，分度器，ジャッキ

4．実　験　方　法

（1）　振り子の長さおよび周期の測定方法

振り子の長さ l は，図2（a）に示すように，金属球を鉛直方向につるし，つり環の内面上端から金属球の最下端までの長さ L を金尺で $1/10\,\mathrm{mm}$ まで測り，次に金属球の直径 D をノギスで測れば $l = L - \dfrac{1}{2}D$ として求めることができる．以上の測定を数回繰り返し行い，l の平均値を求める．

なお，L の測定は，図2（b）に示すように床にジャッキを置きその高さを調節して，ジャッキの上面が金属球の最下点にわずかに触れた状態にして振り子を取り除き，金尺でナイフエッジの上端より，ジャッキの上面までの垂直距離を測り，L とする．

振り子の周期は，読み取り望遠鏡の接眼レンズの十字線を基準にして，鉛直につるしたつり線にピントを合わせ，振り子の一方向（右から左，または左から右）に十字線を通過する時間をストップウォッチで測り周期を求める．

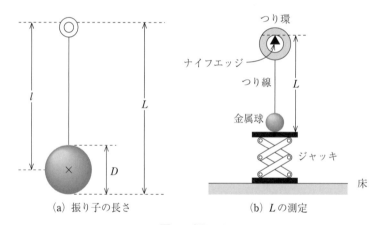

（a）振り子の長さ　　　　　（b）L の測定

図 2　振り子

（2）　実験1：振り子の周期の振幅（φ_0）依存性

振り子の長さを一定（およそ $100\,\mathrm{cm}$）にして，振り子の振幅（φ_0）を $0\sim30°$ の範囲で $2.5°$ 間隔で変化させて振り子の周期を測定する．

① まず，振幅を $2.5°$ に設定し，振り子を静かに放し10回振動させ，それに要する時間を測定し，その平均値から周期を求める．

② 次に，振幅を $5°$ に設定し①と同じ測定を繰り返し，そのときの周期を求める．同様の測定を $2.5°$ 間隔で $30°$ まで繰り返し，各振幅における周期を求める．

③ 得られた実験結果を、図3に示すように、横軸に振幅（φ_0）、縦軸に周期（T）にとり、プロットせよ。ただし、振幅はラジアンに換算してプロットせよ。

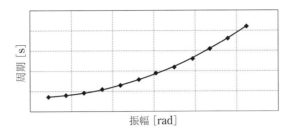

図3 周期の振幅依存性

④ 振り子の運動のより厳密な取り扱いによると（参考文献 1, 2 を参照）、振り子の周期は、振幅があまり大きくないとき次式で表されることが知られている。

$$T = 2\pi\sqrt{\frac{l}{g}}\left(1 + \frac{1}{16}\varphi_0{}^2\right) \tag{15}$$

したがって、図4に示すように、実験結果を、横軸を $\varphi_0{}^2$、縦軸を T としてプロットすれば、そのグラフが直線になると予想される。また、その直線を外挿することにより $\varphi_0 = 0$ のときの周期を求めよ。

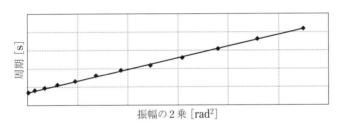

図4 周期の振幅依存性

⑤ ④ の結果から、$\varphi_0 = 5°$ のときの周期を求め、それが $\varphi_0 = 0$ のときの周期に対して何％増加しているか計算し、$\varphi_0 \leqq 5°$ のとき、振り子の等時性がよい近似で成立していることを確かめよ。

(3) 実験2：重力の加速度の測定

　振り子の長さを一定（およそ 100 cm）に保ち、振幅を 5° 以内の状態から金属球を静かに放し単振動させる。金属球が回転したり楕円軌道を描くときはやり直す。読み取り望遠鏡を用いて、その十字線を一方向に通過する時間を 10 回ごとにストップウォッチで測定し、200 回まで記録する。その結果を、図5に示すように、横軸を振動回数 n、縦軸を経過時間 t としてプロットし、その勾配を最小2乗法から求める。その勾配は1振動に要する時間であるので振り子の周期 T である。この T の値と振り子の長さの実測値 l とから、(14)式を用いて重力の加速度 g を求めよ。また、得られた結果を付表重力加速度の実測値と比較検討せよ。

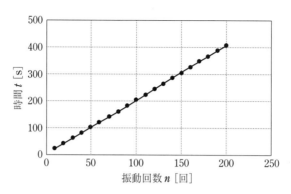

図 5 振動回数 n と所要時間 t

注1　マクローリン級数

関数 $f(x)$ が，x のある区間で次のような無限級数に展開できたとする．

$$f(x) = a_0 + a_1 x + a_2 x^2 + \cdots + a_n x^n + \cdots \tag{16}$$

このとき，定数 $a_0, a_1, \cdots, a_n, \cdots$ は次のようにして決定することができる．

まず，(15)式の両辺に $x = 0$ を代入すると a_0 は，$a_0 = f(0)$ として直ちに求まる．次に，(16)式を x で1度微分した後 $x = 0$ とおけば，$a_1 = f'(0)$ が得られ，さらにもう1度微分して $x = 0$ とおけば $a_2 = f''(0)/2$ が得られる．

一般に，(15)式を x で n 回微分した後，$x = 0$ とおけば，

$$a_n = \frac{1}{n!} f^{(n)}(0) \qquad (\text{ただし，} f^{(n)}(x) \text{は} f(x) \text{の} n \text{回の導関数}) \tag{17}$$

が得られる．したがって，これらを(16)式に代入すれば

$$f(x) = f(0) + f'(0)x + \frac{1}{2!} f''(0)x^2 + \cdots \frac{1}{n!} f^{(n)}(0)x^n \cdots \tag{18}$$

が得られる．これを関数 $f(x)$ のマクローリン展開と呼ぶ．

たとえば関数 $f(x)$ として，$\sin x$, $\cos x$, e^x を考えるとそれぞれ次のような級数に展開される．

$$\sin x = x - \frac{x^3}{3!} + \frac{x^5}{5!} - \frac{x^7}{7!} + \cdots$$

$$\cos x = 1 - \frac{x^2}{2!} + \frac{x^4}{4!} - \frac{x^6}{6!} + \cdots$$

$$e^x = 1 + x + \frac{x^2}{2!} + \frac{x^3}{3!} + \cdots + \frac{x^n}{n!} + \cdots$$

物理学で，このマクローリン級数が有用になるのは，x の絶対値が1に比べてはるかに小さい場合の $f(x)$ の取り扱いである．たとえば，このとき

$$\sin x \approx x$$

と書いて，$\sin x$ のマクローリン級数の x 以外の項は1に比べて x^3 の程度に小さいとして無視することが可能になる．

参考文献

1. 原島　鮮著「力学」裳華房，p. 93.

2. 藤原邦男著「物理学序論としての力学」東京大学出版会，p. 83.

1-4 ボルダの振り子

1. 目 的

ボルダの振り子を用い，重力加速度 g を測定する．

2. 理 論

単振り子についてはすでに高校で学んだが，振り子の球錘を質点とみなして取り扱った．

しかし，さらに高精度の実験を行うには，球錘の大きさなどを無視できない．したがって，ここでは図1のようなボルダの振り子を圭子 DEF，針金，球錘（半径 R，質量 M）が一体となった剛体として取り扱う．

いま，図2のように水平軸（P-P′）で支えられている任意の剛体（質量 M）を考える．その重心から P-P′ 軸に下した垂線 OG の長さを h，OG が鉛直線となす角を θ とすれば，この剛体の回転運動は次の方程式で表される．重力による軸のまわりの力のモーメントが $-Mgh\sin\theta$ であるから

$$I\frac{\mathrm{d}^2\theta}{\mathrm{d}t^2} = -Mgh\sin\theta \tag{1}$$

ただし，I は剛体の水平軸（P-P′）のまわりの慣性モーメントである．θ が十分小さい（$\theta \ll 1$）とき，$\sin\theta \fallingdotseq \theta$ であるから

$$\frac{\mathrm{d}^2\theta}{\mathrm{d}t^2} = -\left(\frac{Mgh}{I}\right)\theta \tag{2}$$

これは単振動を表す式であり，振動の周期を T とすると

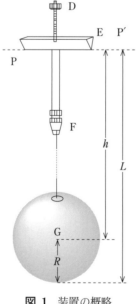

図 1 装置の概略

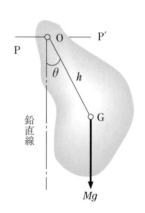

図 2 剛体における力の働き

$$T = 2\pi\sqrt{\frac{I}{Mgh}} \tag{3}$$

$$g = \frac{4\pi^2}{T^2}\frac{I}{Mh} \tag{4}$$

いま，圭子だけの振動周期 T' と振り子全体の振動周期 T が等しいときには，圭子だけの振動の振り子全体の振動周期に及ぼす影響はなくなるので，圭子の慣性モーメントとその質量は考える必要がない（注 1）．

さらに針金の質量は球錘のそれに比べて十分小さいとして，これを無視すれば (3) 式の I は，球錘だけの P-P′ 軸のまわりの慣性モーメント I で置き換えることができる（注 2）．

その慣性モーメント I は，球錘の重心と支軸間の距離を h とすれば

$$I = Mh^2 + \frac{2}{5}MR^2 \tag{5}$$

(4) 式から

$$g = \frac{4\pi^2}{T^2}\left(h + \frac{2}{5}\frac{R^2}{h}\right) \tag{6}$$

上式の括弧内の第 2 項が球錘の大きさを考慮したために生じた項であり，周期 T と h および R を測定すれば，重力加速度 g を得ることができる．

3．装　　置

ボルダの振り子（球錘，U 形台，圭子，針金），読み取り望遠鏡，ストップウォッチ，水準器，ノギス，金尺．

4．実 験 方 法

① 柱に固定された台 A の上に U 形台 B をのせ，台 B の上に水準器を壁に直角に置き，水準器の泡が目盛の中央にくるようネジ C_2 を回す．次に水準器を壁に平行に置き，泡が目盛の中央にくるよう C_1 を回し，台 B の上面を水平にする．

② 次に圭子に，1 m よりやや長い細い針金をつけこれに球錘 G をつけ，図 3 のように置き，10 回振らせて周期 T を測定する．次に針金と球錘をはずして圭子 DEF（ネジ F の位置は針金を締め付けていた位置にする）だけで 10 回振らせて，その周期 T' を測定し，T' が T と等しくなるようネジ D を調整する．これは圭子による振り子全体の振動周期への影響を除くためである．

③ T' と T がほぼ等しくなれば，圭子に再び先の針金と球錘をつけ，図 3 のように，静止した球錘の最下点がネジ S の真上で，かつ圭子のエッジの方向が壁と直角となるように台 B にのせる．

④ 次に静止した状態の振り子の針金と，柱にしるされた基準線 N が重なって見えるように，読み取り望遠鏡を調整しセットする．

⑤ 静止した球錘の重心の位置を通り，圭子のエッジの方向に垂直な面（壁に平行な面）内で，θ

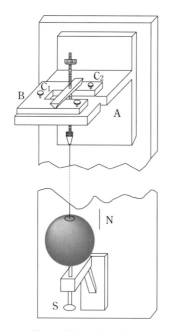

図 3 装置全体の様子

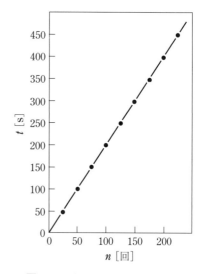

図 4 測定回数と時間との関係

が 5°（振り幅ほぼ 8 cm）以内の位置に球錘を保ち，静かに放すと単振動を始める．楕円運動になればやり直す．読み取り望遠鏡の視野内で，左から右へ針金が基準線の上を通過する瞬間の時刻を，デジタル・ストップウォッチの LAP. RESET ボタンを押して 10 回目ごとに 1/100 秒まで読み取る．そして，最初からの時間を 200 回目まで記録する．その結果を図 4 のようなグラフに描き，回数 n と時間 t とが正比例することを確かめる．周期 T は，この直線式の勾配 a に相当するから a を求めればよい．

　　最小 2 乗法で決める．その勾配より周期（$= a$）を求める．

⑥　次に h の測定を行う．振り子を静止させ球錘の最下点に，ネジ S の上端がわずかに触れた状態として振り子を除き，金尺でネジ S の上端より，台 B の上面（圭子のエッジのあった位置）までの距離を 1/10 mm まで測り，L とする．次に球錘の半径 R をノギスで測れば，$h = L - R$ より h の値が求まる．以上の測定を数回繰り返し行い，h の平均値を求める．

⑦　以上の測定値を (6) 式に入れて g を算出する（付表 11 頁「重力加速度の実測値」参照）．

注 1　圭子，針金，球錘の質量を，それぞれ M_1, M_2, M_3，それらの重心から支軸までの距離を h_1, h_2, h_3，支軸まわりの慣性モーメントを I_1, I_2, I_3 とする．また，全質量を $M (= M_1 + M_2 + M_3)$，振り子全体の重心から支軸までの距離を h，支軸のまわりの慣性モーメントを $I (= I_1 + I_2 + I_3)$ とすれば

$$I \frac{\mathrm{d}^2\theta}{\mathrm{d}t^2} = -Mgh \sin\theta \tag{7}$$

重心の定義から $Mh = M_1h_1 + M_2h_2 + M_3h_3$ が成り立つので，上式は次のように書き換えられる．

$$(I_1+I_2+I_3)\frac{\mathrm{d}^2\theta}{\mathrm{d}t^2} = -(M_1h_1+M_2h_2+M_3h_3)g\sin\theta \tag{8}$$

ゆえにボルダの振り子の周期 T は

$$T = 2\pi\sqrt{\frac{I_1+I_2+I_3}{(M_1h_1+M_2h_2+M_3h_3)g}} \tag{9}$$

次に，圭子のみについての回転の運動方程式および周期 T' は

$$I_1\frac{\mathrm{d}^2\theta}{\mathrm{d}t^2} = -M_1h_1g\sin\theta \tag{10}$$

$$T' = 2\pi\sqrt{\frac{I_1}{M_1h_1g}} \tag{11}$$

いま，$T = T'$ となるように圭子の周期を調節したとすれば，(10) 式と (11) 式より

$$\frac{I_1}{M_1h_1} = \frac{I_1+I_2+I_3}{M_1h_1+M_2h_2+M_3h_3} \tag{12}$$

が成り立つ．この関係を簡単にすれば

$$\frac{I_1}{M_1h_1} = \frac{I_2+I_3}{M_2h_2+M_3h_3} \tag{13}$$

ゆえに

$$T = T' = 2\pi\sqrt{\frac{I_1}{M_1h_1g}} = 2\pi\sqrt{\frac{I_2+I_3}{(M_2h_2+M_3h_3)g}} \tag{14}$$

となり，圭子の慣性モーメントとその質量は上式に含まれないことになる．

注2 針金の質量 M_2 とその慣性モーメント I_2 が球錘の M_3, I_3 に比べて十分小さい（$M_2 \ll M_3$，$I_2 \ll I_3$）ときには (14) 式から

$$g = \frac{4\pi^2}{T^2}\left(\frac{I_2+I_3}{M_2h_2+M_3h_3}\right) \fallingdotseq \frac{4\pi^2}{T^2}\frac{I_3}{M_3h_3}\left(1+\frac{I_2}{I_3}\right)\left(1-\frac{M_2h_2}{M_3h_3}\right) \tag{15}$$

$$\fallingdotseq \frac{4\pi^2}{T^2}\frac{I_3}{M_3h_3}\left\{1+\left(\frac{I_2}{I_3}-\frac{M_2h_2}{M_3h_3}\right)\right\} \tag{16}$$

いま，$\left(\dfrac{I_2}{I_3}-\dfrac{M_2h_2}{M_3h_3}\right) \ll 1$ であれば，上式から求めた g の値は次式で表される．

$$g = \frac{4\pi^2}{T^2}\frac{I_3}{M_3h_3} \tag{17}$$

1-5 ユーイングの装置によるヤング率

1. 目 的

ユーイングの装置を用い，光の**てこ**の方法を応用して2種類の金属棒のヤング率を測定し，弾性体としてみた物体の変形について調べる．

2. 理 論

力学を学ぶ場合，まず，変形しない物体（質点，質点系および剛体）の運動を論じる．変形する物体の力学では，物体を連続体とみなし，その連続体を細かく分けた微小部分に着目して，質点（系）の力学を適用する．

物体に外力を加えて変形させた場合，外力を取り去れば完全に変形前の形に戻る性質を**弾性**といい，その物体は弾性をもつという．一方，変形を徐々に大きくしてある限界以上にまで変形させると，外力を取り去っても元の形に戻らなくなる．この限界を**弾性限界**といい，変形したまま元の形に戻らない性質を**塑性**という．

図1のように，物体に外力を加えて変形させたとき，力として重要になるのは各微小部分が互いに及ぼしあう内力（応力 σ）である．いま，物体が外力を受けてつり合っているとき，物体内部の任意の点を通り，外力に垂直な断面 AA′ を考える．この面の両側の部分は互いに等しい大きさで反対方向の力を及ぼしあっている．単位面積に働くこの力を**応力**（$\sigma_A = F/S$）[N/m^2] という．この AA′ 面と角 θ をなす断面 BB′ に働く応力は $\sigma_B = \sigma_A \cos\theta$，面 BB′ に垂直な成分を法線応力（$\sigma_A \cos^2\theta$）[N/m^2]，面に平行な成分を接線応力またはせん断応力（$\sigma_A \sin\theta \cos\theta$）[N/m^2] という．

変形の度合いを表す物理量の**ひずみ**は，弾性限界内において弾性体内部に生じる応力と比例関係にある．これをフックの法則といい，比例定数を弾性率と呼ぶ．すなわち，

$$（応力）=（弾性率）×（ひずみ）\tag{1}$$

変形の形態として，伸び，圧縮，伸縮，ずれなどがあり，それぞれの弾性率として，ヤング率，体積弾性率，ポアッソン比および剛性率がある．これらの変形と弾性率の関係を表1にまとめてお

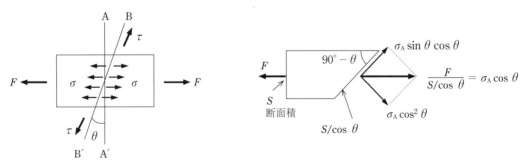

図1 応力

表 1 種々の弾性率とフックの法則

変形の形態	変形の割合など	応力または圧力 $[\mathrm{N/m^2}]$	フックの法則	弾性率
のび	長さ l，断面積 S の物体に F を加えたとき，Δl 伸びたとする．このとき，伸びのひずみは $$\varepsilon = \Delta l/l$$ で与えられる．	F/S	$\dfrac{F}{S} = E\varepsilon$	ヤング率 E
伸縮	物体をある方向に引き伸ばすとき，それと垂直方向には縮みが生じる．この垂直方向のひずみは $$\tau = \Delta r/r$$ で与えられる．	—	—	$\left(\begin{array}{c} \text{ポアッソン比} \\ \sigma = \dfrac{\tau}{\varepsilon} \end{array}\right)$
圧縮	体積 V の物体に一様な圧力 p を加えたとき体積が ΔV だけ減少したとする．このときのひずみは $$\Delta V/V$$ で与えられる．	p	$p = k\dfrac{\Delta V}{V}$	体積弾性率 k
ずれ	物体の上下の面に単位面積あたり p の力を平行に互いに反対向きに加える．このときのひずみは，ずれた状態で面の法線となす角 θ で与えられる．	p	$p = n\theta$	剛性率 n

く．

　本実験で取り扱うヤング率とは，**伸びにくさ**の度合いを表す物理量である．以下では，金属棒に外力を加えたときの伸びのひずみからヤング率を求める場合について詳述する．

　長さ $l\,[\mathrm{m}]$，断面積 $S\,[\mathrm{m^2}]$ の一様な棒に軸方向に張力（あるいは圧力）を加えて $\Delta l\,[\mathrm{m}]$ 伸びた（あるいは縮んだ）とすると，弾性の限界内においてひずみ $\Delta l/l$ は応力 $F/S\,[\mathrm{N/m^2}]$ に比例する（フックの法則）．すなわち

$$\frac{\dfrac{F}{S}}{\dfrac{\Delta l}{l}} = E \tag{2}$$

この比例定数 $E\,[\mathrm{N/m^2} = \mathrm{Pa}]$ をヤング率という．

　次に，図 2 のようにまっすぐで一様な棒を曲げたとき，棒の中の接近した 2 つの断面 P, Q は互いに傾いて $\mathrm{d}\theta\,[\mathrm{rad}]$ の角をなす．この場合，図 2 の上側では棒が伸び，下側では縮み，その中間に伸び縮みのない層ができる．この層のことを中立層という．断面 P, Q 間での中立層の曲率半径

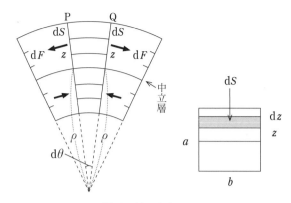

図 2　棒のたわみ

を ρ とすれば，P, Q 間の中立層の長さは $\rho \, \mathrm{d}\theta \, [\mathrm{m}]$ であり，中立層から z の距離にある断面積 $\mathrm{d}S$ $[\mathrm{m^2}]$ の平行層のひずみは

$$\frac{(\rho+z)\mathrm{d}\theta - \rho\,\mathrm{d}\theta}{\rho\,\mathrm{d}\theta} = \frac{z}{\rho}$$

また，この層の断面に加わる力を $\mathrm{d}F \, [\mathrm{N}]$ とすれば，ヤング率の定義から

$$E = \frac{\dfrac{\mathrm{d}F}{\mathrm{d}S}}{\dfrac{z}{\rho}} \qquad \therefore \quad \mathrm{d}F = \frac{E}{\rho} z \, \mathrm{d}S$$

この断面での力は，中立層の上方では張力，下方では圧力であり，P または，Q 面全体としては偶力となる．この偶力のモーメントを $L \, [\mathrm{N\,m}]$ とすれば

$$L = \int z \, \mathrm{d}F = \frac{E}{\rho} \int z^2 \, \mathrm{d}S \tag{3}$$

で与えられる．この L を曲げモーメントという．そこで厚さ $a \, [\mathrm{m}]$，幅 $b \, [\mathrm{m}]$ の角棒の場合には，$\mathrm{d}S = b \, \mathrm{d}z \, [\mathrm{m^2}]$ であるから

$$L = \frac{E}{\rho} \int_{-\frac{a}{2}}^{\frac{a}{2}} z^2 b \, \mathrm{d}z = \frac{E}{\rho} \frac{a^3 b}{12}$$

となる．

　図 3 のように，この棒を間隔 $l \, [\mathrm{m}]$ の 2 つの支点上に置き，支点間の中央に質量 $M \, [\mathrm{kg}]$ のおもりを置いたとする．そして，ここでの中立層の位置を原点 O に選び，図のように x, y 軸をとる．このとき各々の支点が棒に及ぼす力は $(Mg)/2 \, [\mathrm{N}]$ であり，P から右の部分の棒のつり合いを考えると，P 面内にあって中立層を通り紙面に垂直な軸のまわりのモーメントは，$(Mg)/2 \, [\mathrm{N}]$ によるものが $\left(\dfrac{l}{2}-x\right)\dfrac{Mg}{2} \, [\mathrm{N\,m}]$ で，P 面での曲げモーメントが $\dfrac{E}{\rho}\dfrac{a^3 b}{12} \, [\mathrm{N\,m}]$ であるから，

$$\left(\frac{l}{2}-x\right)\frac{Mg}{2} = \frac{E}{\rho}\frac{a^3 b}{12} \tag{4}$$

ところが，曲率半径 $\rho\,[\mathrm{m}]$ は

$$\frac{1}{\rho} = \frac{\dfrac{\mathrm{d}^2 y}{\mathrm{d}x^2}}{\left\{1 + \left(\dfrac{\mathrm{d}y}{\mathrm{d}x}\right)^2\right\}^{\frac{3}{2}}}$$

であるが，棒のたわみが極めて小さいものとすると，$\left(\dfrac{\mathrm{d}y}{\mathrm{d}x}\right)^2 \ll 1$ であるから $\dfrac{1}{\rho} = \dfrac{\mathrm{d}^2 y}{\mathrm{d}x^2}$ としてよい．したがって，

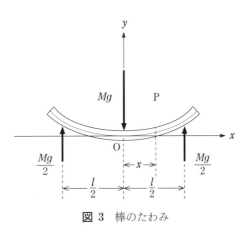

図 3 棒のたわみ

$$\frac{\mathrm{d}^2 y}{\mathrm{d}x^2} = \frac{6Mg}{Ea^3 b}\left(\frac{l}{2} - x\right)$$

$$\therefore\quad y = \frac{6Mg}{Ea^3 b}\left(\frac{lx^2}{4} - \frac{x^3}{6}\right) \qquad 0 \le x \le \frac{l}{2}$$

こうして中立層の曲線を求めることができる．いま，$x = l/2\,[\mathrm{m}]$ のところの y の値を $e\,[\mathrm{m}]$ とすると，

$$e = \frac{Mgl^3}{4a^3 bE}$$

この e は棒の中点の降下量でもある．ゆえに棒のヤング率 $E\,[\mathrm{N/m^2}]$ は

$$E = \frac{Mgl^3}{4a^3 be} \tag{5}$$

そして，$e\,[\mathrm{m}]$ を注で述べる光の**てこ**の方法で測定するとすれば，

$$e = \frac{z\,\Delta y}{2x} \tag{6}$$

ここに $x\,[\mathrm{m}]$ は鏡と尺度との距離，$\Delta y\,[\mathrm{m}]$ はおもりによる望遠鏡の読みの移動，$z\,[\mathrm{m}]$ は鏡台における支点間の垂直距離である（注　参照）．

3．装　　置

ユーイングの装置，試料棒（2 種類），尺度付き望遠鏡，ノギス，マイクロメータ，スケール

4．実 験 方 法

① 図 4 のようなユーイングの装置を安定した作業台の上に据える．水平な 2 つのエッジ AB 上に試験棒，補助棒を平行にしかもエッジに直角に置く．そして，試験棒上で AB の中点 O におもりを吊すことができるフックをかけ，鏡 G の面に平行な 2 脚を補助棒上に，前方の 1 脚をフックに設けてある穴に入れる．

② この装置の前方 1～2 m のところに図 5 のような尺度付き望遠鏡を置き，望遠鏡は鏡とほぼ同じ高さにし，鏡に反射して生ずる尺度 S の像が見えるようにする．そのためには，望遠鏡の位置を移動したり鏡の傾きを調節して，望遠鏡の少し上方から肉眼で尺度の中央部の像が見えるようにする．その後，望遠鏡の光軸を正しく鏡の中心に向けてから接眼部をのぞき，まず鏡が見え

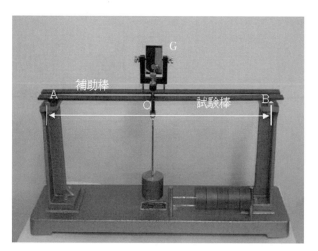

図4 ユーイングの装置

図5 尺度付望遠鏡

るようにした後，さらに焦点を遠方にずらしていくと尺度の像が見えるようになる．

③ はじめ補助錘だけをかけておいたときの尺度の読みを読み取り，さらにおもりを1個（質量：0.2 kg）ずつ増加したときの尺度の読みを，5個のときまで求める．次に，さらにおもりを1個加えてからそれを取り除いたときの読みを読み取り，それらからおもりを1個ずつ減少したときの読みを求める．なお，おもりの載せ降ろしは，手で錘皿を軽く支えて鏡の位置が移動しないように注意する．以上の尺度の読みは1/10 mmまで読み取り，補助錘だけを載せたときの荷重を0 kgとして次のような表を作成する．さらに，荷重 M と尺度の読み y との関係を図6のようなグラフに描いてみて，荷重と読みの変化とが正比例することを確かめる．それから，最小2乗法により質量1 kgに対する尺度の移動 Δy を求める．

表2 $M-y$ の関係

荷重 [kg]	尺度の読み [mm]	
	増量のとき	減量のとき
0		
0.2		
0.4		
0.6		
0.8		
1.0		

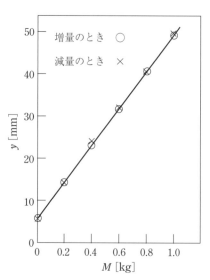

図6 $M-y$ の関係

④　鏡 G と尺度 S との距離 x，および支持台上のエッジ A, B 間の距離 l を測定する．次に鏡台の補助棒上の 2 支点を結ぶ直線と，試験棒上の支点との垂直距離を測って z を得る．この場合，平らな紙に鏡の三脚の痕をつけて，2 脚を結ぶ線と第 3 脚との距離をスケールで 1/10 mm まで測る．そして試験棒の厚さ a をマイクロメーターで，幅 b をノギスで異なった箇所を数ヶ所測定する．a は (5) 式において 3 乗で含まれているので，特に正確に測定しなければならない．

以上求めた諸量を SI 単位系での値に揃えてから (5)，(6) 式に入れるとヤング率 E が得られる．

注　光の**てこ** (optical lever) とは，鏡 G と尺度 S と望遠鏡 T などを図 7 のように配置して，物体の微少な変位を測定する装置である．最初，尺度 S 上の y の位置が鏡 G で反射されて望遠鏡 T の十字線上に見えているとし，鏡台の支点 C が e だけ降下するとする．このとき，鏡 G および鏡台は α だけ傾き，望遠鏡の十字線の位置は尺度 S 上を y から y' に移動する．そこで yOy' 角を β とすれば，x は y, y' に比べて十分大きいので，$y - y' \equiv \Delta y$ とすると

$$\Delta y = x\{\tan(\theta + \beta) - \tan\theta\} \cong x\{(\theta + \beta) - \theta\} = x\beta$$

ところが $\beta = 2\alpha$ であるから

$$\alpha = \frac{\beta}{2} \cong \frac{\Delta y}{2x}$$

さらに鏡台の支点間の垂直距離 z は e に比べて十分大きいので

$$e = z\tan\alpha \cong z\alpha \cong \frac{z\,\Delta y}{2x}$$

となる．

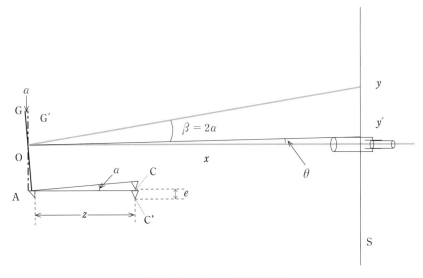

図 7　光のてこの実験配置図

1-6 弦の固有振動

1. 目　的

両端が固定された弦を交流磁石で強制振動させ，共鳴現象を利用することにより，その固有振動を観測する．

2. 理　論

両端を固定した長さ l の弦の変位 $\psi(z, t)$ は，ある瞬間 t には，図 1 (a) のようになり，ある位置 z では，時間的に (b) のような変化をする．このような弦の変位は，次のような方程式（波動方程式）で表すことができる．

$$\frac{\partial^2 \psi}{\partial t^2} = C^2 \frac{\partial^2 \psi}{\partial z^2} \tag{1}$$

ただし，C は伝搬速度で

$$C = \sqrt{\frac{T}{\rho}} \tag{2}$$

である．ここで T は弦の張力であり，ρ は弦の線密度である．(1) 式の解は，振動数を ν，波数を $k(= 2\pi/\lambda,\ \lambda$ は波長を示す）とすると，

$$\psi(z, t) = \cos(2\pi\nu t + \phi) \times \{A \sin(kz) + B \cos(kz)\} \tag{3}$$

である．弦は両端 $(z = 0$ と $z = l)$ で固定されている．すなわち境界条件 $\psi(0, t) = 0$ および $\psi(l, t) = 0$ が成立している．これらの条件により (3) 式から，$B = 0$，$\sin(kl) = 0$ を得る．したがって，(3) 式は，

$$\psi(z, t) = A \sin(k_n z) \cos(2\pi\nu t + \phi) \tag{4}$$

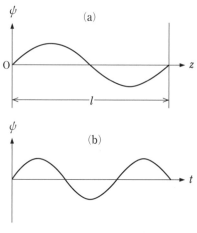

図 1　弦の振動

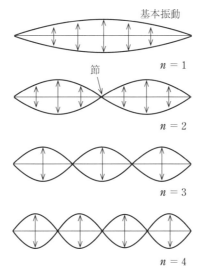

図 2 　固有振動の波形

$$k_n = \frac{n\pi}{l} \qquad (n = 1, 2, \cdots) \tag{5}$$

となる．ここで A, ϕ は初期条件で決まる定数であり，このように表される振動を固有振動という．(5)式から，固有振動の波長および振動数は，

$$\lambda_n = \frac{2\pi}{k_n} = \frac{2l}{n} \tag{6}$$

$$\nu_n = \frac{C}{\lambda_n} = \frac{n}{2l}\sqrt{\frac{T}{\rho}} \tag{7}$$

である．n が 1 から 4 までの固有振動の波形を図 2 に示す．$n = 1$ の場合を基本振動という．

　弦を振動させるためには，外力を加える必要がある．振動数 ν_e の周期的外力を弦に作用させ続けると，弦は，ν_e で振動するようになる．外力の振動数が，弦の固有振動数 ν_n に近づくと振幅が増し，$\nu_e = \nu_n$ で振幅が最大となる．この現象を共鳴または共振という．この共鳴現象を利用すれば，弦の固有振動を求めることができる．外力を加える位置が図 2 の節（振幅が常に 0 の位置）上であれば，その固有振動は生じない．

3．装　　　置

　単弦装置一式，ファンクション・ジェネレータ（FG-274），パワーアンプ（単弦装置に組み込まれている）

4．実 験 方 法

　図 3 に示すように，単弦は水平に張られており，滑車を通しておもりにより張力を加えることができる．また単弦の長さ l は，弦の固定端となっている 2 個の琴柱を動かすことによって変えることができる．その長さ l は，弦と平行に固定された尺度で 2 個の琴柱の位置 x_1, x_2 を読み取ること

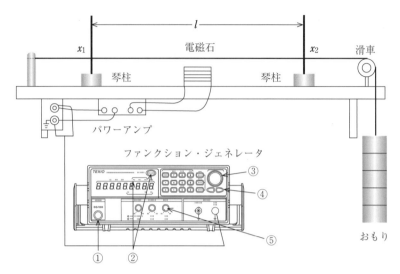

図 3 装置概略図

により，求めることができる．本実験では，弦を強制振動させるために交流電磁石を用いる．この場合，この電磁石が弦を引く力は，交流1サイクルで2回はたらく．したがって，共振状態においては弦の固有振動数は交流周波数の2倍である．また，実験では基本振動のみを対象とするので，交流周波数を ν_0 とすると，(7)式で $\nu_1 = 2\nu_0$ となる．また，おもりの質量を M，重力加速度を g とすると，$T = Mg$ であり，(7)式は

$$\nu_0 = \frac{1}{4l}\sqrt{\frac{Mg}{\rho}} = \frac{C}{4l} \tag{8}$$

となる．

　次に実験方法を順次説明する．

(1) 電磁石，パワーアンプ，ファンクション・ジェネレータが図3のように結線されていることを確かめよ．パワーアンプのスイッチをONにする．次にファンクション・ジェネレータの設定は以下のとおり行う．他のスイッチ等は触らない．

a. 主電源①をONにする．

b. WAVEキー②を押すごとに波形を選択できるので，使用波形を正弦波に設定する（緑のLEDで波形を確認すること）．

c. ロータリーエンコーダ③を時計方向に回すと周波数の値が増加し，反時計方向で減少する．

d. ◁ ▷④キーの一方を押すことにより，周波数の可変させる桁を左右に変更できる．適宜調整すること．③と④のキーを使って周波数を設定し弦を強制振動させる．

e. AMPL（振幅調整）⑤のツマミを時計方向に回すと出力が増加し，反時計方向に回すと減少するので，共振状態を見て電磁石に弦が触れない範囲で最大振幅になるように調整する．

表1 l, $1/l$, ν_0 の関係

$l\,[\mathrm{m}]$	$1/l\,[\mathrm{m^{-1}}]$	$\nu_0\,[\mathrm{Hz}]$
15.0×10^{-2}		
$\vdots$		
$\vdots$		
$\vdots$		
$\vdots$		
$\vdots$		
70.0×10^{-2}		

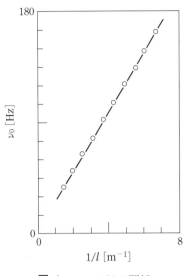

図4 ν_0 と $1/l$ の関係

(2) 最初，張力 T を一定にして，基本振動について $1/l$ と ν_0 との比例関係を調べる．重さ 0.2 kg の受け皿に 1 個 0.2 kg のおもり 2 個を加えて 0.6 kg とする．l の値としては，$0.15\sim0.7$ m の範囲で $1/l$ がほぼ等間隔になるような 10 種類の値を選ぶ．このとき，電磁石の位置が 2 個の琴柱（ことじ）のほぼ中央になるようにし，琴柱の位置 x_1, x_2 を尺度で読み取り $l=|x_1-x_2|$ とする．そして各々の l の値に対して，ロータリーエンコーダー③を左右に回し，弦の振動が最大になるところを捜して，その周波数を周波数カウンターにより読み取り，その値を ν_0 とする（このとき，振動波形が図2に示された基本振動の波形であることを確認せよ．注参照）．この場合の結果を，前述の表のようにまとめる．さらに $1/l$ と ν_0 の値を図4のようにグラフ用紙にプロットし，測定点に最もよく合う直線 $\nu_0=a/l$ を引く．この直線の勾配 a を求めると，弦を伝わる横波の速さ C の実験値は，$C=4a$ として計算される．また，横波の速さ C は $C=\sqrt{Mg/\rho}$ という関係式より $M\,(=0.6\,\mathrm{kg})$ と，$\rho\,(=5.24\times10^{-4}\,\mathrm{kg/m})$ の値から算出することができる．こ

表2 M を変化させたときの $\sqrt{Mg}$ と ν_0 の値

$M\,[\mathrm{kg}]$	$\sqrt{Mg}\,[\mathrm{N^{1/2}}]$	$\nu_0\,[\mathrm{Hz}]$
0.2		
0.4		
0.6		
0.8		
1.0		

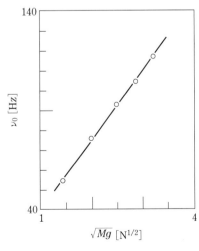

図5 ν_0 と $\sqrt{Mg}$ の関係

うして求めた値と実験値 4α とを比較せよ．

(3) 次に，l を $0.3\,\mathrm{m}$ としておもりを $0.2\,\mathrm{kg}$ から $1.0\,\mathrm{kg}$ まで変化させ，各張力に対する基本振動の共振周波数を (2) と同様にして測定する．そして，この結果も表 2 のようにまとめる．

さらに，$\sqrt{Mg}$ と ν_0 の値を図 5 のようにグラフ用紙にプロットし，(2) の場合と同様に直線 $\nu_0 = \beta\sqrt{Mg}$ を引く．この直線の勾配 β と，l と ρ より計算した値 $1/(4l\sqrt{\rho})$ とを比較せよ．

注 (2) の実験で l の値が大きい場合には，基本振動のほかに $n = 3$ の振動が観測されるはずである．このことを実験で確かめよ．

1-7 バネ振動の実験

1. 目　的
様々の条件のもとでバネの振動を観察し，これにより振動の性質を学ぶ.

2. 原　理
自然科学の種々の分野において登場する複雑な振動現象は，以下に述べる「単振動」を基礎として理解する事ができる.

図1のように，質量 m のおもりをバネに吊して，静止した時，つり合いの式は

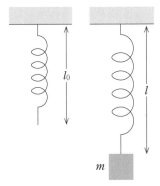

$$mg = k(l - l_0) \qquad \text{フックの法則} \qquad (1)$$

ここで　　g：重力加速度

　　　　　k：バネ定数

　　　　　l_0：おもりの無い時のバネの長さ

　　　　　l：おもりを吊した時のバネの長さ

おもりが自由振動している時，つり合いの位置から鉛直方向の変位を x とすれば，運動方程式は，バネの質量を無視すると，

図 1 フックの法則

$$m\frac{\mathrm{d}^2 x}{\mathrm{d}t^2} = -kx \quad \Rightarrow \quad m\ddot{x} = -kx \qquad (2)$$

これの一般解は（解法は 6. 参考）

$$x(t) = a\cos(\pm\omega_0 t + \delta) \qquad \text{ここで } \omega_0 = \sqrt{\frac{k}{m}} \qquad (3)$$

簡単のため，初期条件を $t = 0$ で，$x(0) = a_0, \dfrac{\mathrm{d}x}{\mathrm{d}t} = 0$ とする（これは $x = a_0$ まで引っ張って，手を放した事に相当する）と，解は，

$$x(t) = a_0 \cos\omega_0 t \qquad (4)$$

となる. このような振動を単振動という. ここで，a_0 は振幅，ω_0 をバネの固有角振動数，

$$T = \frac{2\pi}{\omega_0} \qquad (5)$$

を周期と呼ぶ. また振動数は，

$$f = \frac{1}{T} = \frac{\omega_0}{2\pi} = \frac{1}{2\pi}\sqrt{\frac{k}{m}} \qquad (6)$$

である.

3．装　　置

バネ，おもり，目印おもり，金属定規，電子天秤，動画カメラ，パソコン

4．実験方法
4-1　バネ振り子の組み立て

① スタンドベース，スタンド支柱，クランプ，金属定規を図2
に従って組み立て，バネと目印おもりをセットする．

4-2　実験1　バネ定数の測定

3種類（黄色，青色，赤色）のバネにいろいろな荷重をかけて，
バネの伸びの長さを測定し，バネ定数 k を決める．

① クランプにバネと目印おもりを吊し，バネの横に金属定規を
置いて，目盛が読めるように調節する．

② バネと目印おもりの状態で，目印位置の目盛を読む．

③ おもりを吊るして静止させた後，目印位置の目盛を読む．

④ たて軸にバネの伸び，横軸におもりの質量をとってグラフを
書きながら，③をくり返す．このとき，おもりの合計がバネ
の限界荷重（黄色55 g，青色75 g，赤色105 g）を超えないよ
うに注意する．

⑤ バネ定数 k の値を求め，バネとおもりの状態での固有振動
数 f_0 を求めておく．

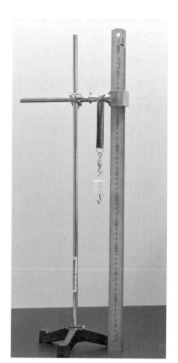

図2 バネ振り子

⑥ 複数のバネがある場合には，バネを取り替えて，それぞれバ
ネ定数 k と固有振動数 f_0 を求める．f_0 は50 gのおもりと目印おもり4 gの質量を合計した m
を用いる（バネの質量はおもりの質量に比べて小さいので固有振動数への影響は無視する）．

4-3　実験2　固有振動の記録，解析

① バネ振り子に質量50 gのおもりを吊るし，目印位置を約20 mm伸ばし振動させる．

② 振動が安定したことを確認し，動画カメラで振動の様子を記録する．

③ バネの種類やおもりの質量を変えて，①②を繰り返す．

④ 動画を解析して，振動のグラフから振動の周期を求める．

5．結果のまとめ

① 固有振動の結果から，バネ定数 k の値，バネ定数からの固有振動数 f_0，周期測定からの固有
振動数 f_1 を表にまとめる．

② それぞれの値を比較，検討する．

表 1 固有振動数の決定

	黄　色	青　色	赤　色
バネ定数 k [　　]			
バネ定数からの固有振動数 f_0 [　　]			
周期測定からの固有振動数 f_1 [　　]			

6．参考　(2)式の解法

$$m\frac{\mathrm{d}^2 x}{\mathrm{d}t^2} = -kx \tag{2}$$

この両辺に $\dfrac{\mathrm{d}x}{\mathrm{d}t}$ をかけると，

$$m\frac{\mathrm{d}x}{\mathrm{d}t}\frac{\mathrm{d}^2 x}{\mathrm{d}t^2} = -kx\frac{\mathrm{d}x}{\mathrm{d}t}$$

$$\therefore\quad \frac{1}{2}m\frac{\mathrm{d}}{\mathrm{d}t}\left[\left(\frac{\mathrm{d}x}{\mathrm{d}t}\right)^2\right] = -\frac{1}{2}k\frac{\mathrm{d}}{\mathrm{d}t}[x^2]$$

両辺を t で積分すると，C を積分定数として

$$\frac{1}{2}m\left(\frac{\mathrm{d}x}{\mathrm{d}t}\right)^2 = -\frac{1}{2}kx^2 + C$$

積分定数 C を $C = \dfrac{1}{2}ka^2$ とおくと，上式は

$$\left(\frac{\mathrm{d}x}{\mathrm{d}t}\right)^2 = \frac{k}{m}(a^2 - x^2)$$

$$\therefore\quad \frac{\mathrm{d}x}{\mathrm{d}t} = \pm\sqrt{\frac{k}{m}}\sqrt{a^2 - x^2}$$

変数を分離して

$$\frac{\mathrm{d}x}{\sqrt{a^2 - x^2}} = \pm\sqrt{\frac{k}{m}}\,\mathrm{d}t$$

両辺を t で積分すると，

$$(\text{右辺}) = \pm\sqrt{\frac{k}{m}}\cdot t + C'$$

左辺の積分は $x = a\cos\theta$, $\mathrm{d}x = -a\sin\theta\,\mathrm{d}\theta$ として

$$(\text{左辺}) = \int\frac{\mathrm{d}x}{\sqrt{a^2 - x^2}} = -\int\frac{a\sin\theta\,\mathrm{d}\theta}{a\sin\theta} = -\int\mathrm{d}\theta = -\theta + C''$$

$$\therefore\quad \theta = \mp\sqrt{\frac{k}{m}}\cdot t + C'''$$

したがって，$x(t) = a\cos\left(\mp\sqrt{\dfrac{k}{m}}\cdot t + C'''\right) = a\cos(\mp\omega_0 t + \delta) \tag{3}$

ここで $\omega_0 = \sqrt{\dfrac{k}{m}}$

1-8　水熱量計による熱の仕事当量の測定

1．目　的
熱がエネルギーの形態であることを確認し熱の仕事当量を測定する．

2．背　景
　電気ストーブ，アイロン，オーブントースターなど，電流が熱に変わる性質を利用した電化製品が私たちのまわりに多くある．イギリス人の物理学者ジュール（James Prescott Joule：1818-1889年）は電気エネルギーを別の形態である熱に変えることを実験で示した．電気と発熱量との関係について精密な実験を行って「電気の導体の発熱量は導体の抵抗と電流の二乗に比例する」という法則を発見した．ジュールはおもりを落下させるときのエネルギーで水中の羽根車を回転させ，その時に水温が上昇することを知った．正確な実験の結果，1カロリーの熱が 4.2 J（ジュール）の仕事に相当することを見つけた．この値を熱の仕事当量と呼んでいる．エネルギーや仕事量の国際単位 J（ジュール）は彼の名前から来ている．

3．原　理
　物質に力学的または電気的なエネルギーが加えられると熱を発生することが知られている．エネルギー保存則に従うと，力学的，電気的エネルギーが熱エネルギーに変換されたことを意味している．熱のエネルギーの量を cal（カロリー）の単位で示すと仕事の単位である J と cal との間には換算量 J_0 が存在し，

$$J_0 = W/Q \ \text{[J/cal]} \tag{1}$$

となる．この量を熱の仕事当量と呼んでいる．正確な実験の結果

$$J_0 = 4.18605 \ \text{[J/cal]} \tag{2}$$

であることがわかっている．

　本実験ではニクロム線を用いて電気エネルギーを水に導入し，水の発熱量を測定することで熱の仕事当量を測定する．実験中は水温を均一に保つため攪拌棒で絶えず水を攪拌する．ニクロム線に電流を流し t_1 秒 [sec.] 間たったときの消費電力 W は，ニクロム線の両端の電位差を V [Volt]，流れる電流を I [A]，抵抗を R [Ω] とすると

$$W = VI_1 = (IR)It_1 \tag{3}$$

となる．熱量計である銅製容器に入れた水の質量を m [g]，容器と攪拌棒との合計の水当量を w [g]，水の比熱を C [cal/(g℃)] とし水温が θ_0 [℃] から θ_1 [℃] へ上昇したと仮定する．加えられた熱量は

$$Q = C(m+w)(\theta_1 - \theta_0) \tag{4}$$

となる．式 (3)，(4) を式 (1) に代入すると

$$J_0 = \frac{W}{Q} = \frac{IVt_1}{C(m+w)(\theta_1 - \theta_0)} \tag{5}$$

となる.

　しかし電力があまり大きくなく，水温上昇に時間がかかるときは熱量計周囲からの熱の放射（熱放射）の影響を考慮する必要がある．これを以下のように考える．微小時間 $\mathrm{d}t$ [sec.] 間の電流により発生する熱量 $\mathrm{d}Q$ は

$$\mathrm{d}Q = \frac{IV}{J_0}\mathrm{d}t \tag{6}$$

となる．一方，同じ $\mathrm{d}t$ [sec] 間における熱の放散量 $\mathrm{d}Q'$ は熱量計の温度 θ と周囲の温度（室温）θ_R との差および時間 $\mathrm{d}t$ に比例する．つまり

$$\mathrm{d}Q' = \beta(\theta - \theta_\mathrm{R})\mathrm{d}t \tag{7}$$

となる．ただし β は比例定数である．式 (6) から式 (7) を差し引いた値が実際の温度上昇 $\mathrm{d}\theta$ を引き起こすから

$$\mathrm{d}Q - \mathrm{d}Q' = \frac{IV}{J_0}\mathrm{d}t - \beta(\theta - \theta_\mathrm{R})\mathrm{d}t = (m+w)\mathrm{d}\theta \tag{8}$$

となる．式 (8) を書き換えると

$$\frac{\mathrm{d}\theta}{\mathrm{d}t} = \frac{IV}{J_0(m+w)} - \frac{\beta}{m+w}(\theta - \theta_\mathrm{R}) = \frac{IV}{J_0(m+w)} - \alpha(\theta - \theta_\mathrm{R}) \tag{9}$$

となる．ここで

$$\alpha = \frac{\beta}{m+w} \tag{10}$$

としている．式 (9) の右辺第 1 項は電力による温度上昇，第 2 項は放散による温度下降を示している．式 (9) において熱放散があまり大きくないと仮定して近似的に解を求めることとする．時間 t における熱量計の温度 $\theta(t)$ は熱放散がない場合の温度を $f_0(t)$，熱放散による補正を $f_1(t)$ とすると（$f_0 \gg f_1$）

$$\theta(t) = f_0(t) + f_1(t) \tag{11}$$

となる．実際には，$f_1(t)$ は負の値となると考えられる．式 (9) に式 (11) を代入すると

$$\frac{\mathrm{d}}{\mathrm{d}t}(f_0 + f_1) = \frac{IV}{J_0(m+w)} - \alpha(f_0 + f_1 - \theta_\mathrm{R}) \tag{12}$$

となる．この式で主要な項は

$$\frac{\mathrm{d}f_0}{\mathrm{d}t} = \frac{IV}{J_0(m+w)} \tag{13}$$

残りの項は

$$\frac{\mathrm{d}f_1}{\mathrm{d}t} = -\alpha(f_0 - \theta_\mathrm{R}) \tag{14}$$

となる．式 (14) の右辺で（$f_0 \gg f_1$）より f_1 は省略した．式 (13) を積分すると

$$f_0(t) = \theta_0 + \frac{IV}{J_0(m+w)}\,t \tag{15}$$

となる．ここで θ_0 はニクロム線に電流を流す前の水温である．時刻 $t=0$ では

$$f_0(t) = \theta_0 \tag{16}$$

であることがわかる．次に式 (15) を式 (14) に代入を行う．すると，

$$\frac{\mathrm{d}f_1}{\mathrm{d}t} = -\alpha\left\{\left(\theta_0 + \frac{IV}{J_0(m+w)}\,t\right) - \theta_{\mathrm{R}}\right\} \tag{17}$$

となる．この式を t で積分し整理すると

$$f_1(t) = -\alpha\left\{(\theta_0 - \theta_{\mathrm{R}})t + \frac{1}{2}\frac{IV}{J_0(m+w)}\,t^2\right\} \tag{18}$$

となる．したがって熱放散を考慮した場合，時間 t における熱量計の温度 $\theta(t)$ は，式 (11) に式 (15)，(17) を代入し，また $\theta_0 \approx \theta_{\mathrm{R}}$ と仮定すると

$$\theta(t) = \theta_0 + \frac{IV}{J_0(m+w)}\,t - \alpha\frac{1}{2}\frac{IV}{J_0(m+w)}\,t^2 \tag{19}$$

となる．この式を展開して J_0 を求めると

$$J_0 = \frac{1}{(\theta(t)-\theta_0)}\frac{IV}{J_0(m+w)}\,t\left(1-\frac{1}{2}\,\alpha t\right) \tag{20}$$

となる．いま，時刻 t_1 での水温を θ_1 とすると $\theta(t_1 = \theta_1$ とおけるから

$$J_0 = \frac{IV}{(m+w)(\theta_1-\theta_0)}\,t_1\left(1-\frac{1}{2}\,\alpha t\right) \tag{21}$$

となる．これは式 (5) に補正項をかけたものになっていることがわかる．

　次に α を求める方法について説明する．時刻 t_1 で電源のスイッチをオフにすることでニクロム線への通電を止める．すると熱量計の温度 $\theta(t)$ は時間 t の関数として下がって行くことが想像できる．

　式 (9) でニクロム線への電力供給を示す項 $\dfrac{IV}{J_0(m+w)}$ は無視できるから

$$\frac{\mathrm{d}\theta}{\mathrm{d}t} = -\alpha(\theta-\theta_{\mathrm{R}}) \tag{22}$$

となる．この微分方程式を解くことにする．式 (22) を変形すると

$$\frac{\mathrm{d}\theta}{\theta-\theta_{\mathrm{R}}} = -\alpha\mathrm{d}t \tag{23}$$

となる．両辺を積分すると

$$\log(\theta-\theta_{\mathrm{R}}) = -\alpha t + c \tag{23}$$

となる．ただし c は定数である．ゆえに

$$(\theta-\theta_{\mathrm{R}}) = (\theta-\theta_{\mathrm{R}})\exp\{-\alpha(t)\} \tag{24}$$

となる．ここで $e^{-\alpha t}$ は $\exp\{-\alpha(t)\}$ という書き方で示されていることに注意する．いまの場合，時刻 t_1 で電源のスイッチを止めたので，その後の時間 t において

$$(\theta(t)-\theta_R) = (\theta_1-\theta_R)\exp\{-\alpha(t-t_1)\} \tag{25}$$

と表現できる．電源のスイッチを切りその後に経過している時刻を t_2 とする．式 (25) は

$$\frac{\theta_2-\theta_R}{\theta_1-\theta_R} = \exp\{-\alpha(t_2-t_1)\} \tag{26}$$

より

$$\alpha = -\frac{1}{t_2-t_1}\ln\left(\frac{\theta_2-\theta_R}{\theta_1-\theta_R}\right) \tag{27}$$

となり α を求めることができる（ln は自然対数）．このようにして放散の補正ができる．

4．実 験 方 法

銅製容器でできている水熱量計と攪拌棒（銅製：プラスチックの部分は外す）の質量を電子天秤で測定する．これらの質量の和に銅の比熱 $0.0930\ \mathrm{cal/(g°C)}$ をかけて水当量 w を求める．次に銅製容器に水を入れて質量を測り m を求める．この際に質量が $200\ \mathrm{g}$ を超えてしまうので使用する電子天秤の測定限界値に注意すること．質量を量り終えた後に図 1 および図 2 の通り実験装置をセッティングする．そしてニクロム線に通電する前の水温 $\theta_0°C$ を温度計で読む．次に電流計と電圧計の値に注意し電力（＝ 電流値×電圧値）を $40\ \mathrm{W}$ になるよう一定値を保つ．この際，必ず水の攪拌を行うこと．攪拌は全実験を通して絶えず行う必要がある．攪拌をしないと水が，対流を起こし正確な水温が測定できない．$40\ \mathrm{W}$ に設定する過程でも水温は上昇していくのですばやく $40\ \mathrm{W}$ に設定すること．（仮に $40\ \mathrm{W}$ 丁度にならなくても構わない．調整するのに時間が掛かると，この間に水温が上昇し実験が上手くいかない．）ストップウォッチを用いて水温 $\theta(t)$ を 1 分毎に 10 分まで測定する（ここで熱量計の温度 $\theta(t)$ は水温と等しいと仮定する）．最終値である 10 分の水温が $\theta_1°C$ であり，そのときの時間 10 分が t_1 となる．ただし，$\theta_1°C < 50°C$ の範囲内で実験することに注意すること．つまり，水温が $50°C$ を超えないようにすること．実験の際に時間 t における水温 $\theta(t)$ の値を方眼紙にプロットしてグラフを作る（図 3 参照）．10 分経ったら電源スイッチを切り水温が下がる様子を調べていく．電源スイッチを切った直後は，余熱で水温が上昇することがある．また，水温が下がる過程でも対流は起こっている．したがって，電源スイッチを切った後も攪拌を続けること．先ほど同様に 1 分毎に水温 $\theta(t)$ を測定し引き続き方眼紙に値をプロットしていく（図 3 参照）．そして電源を切ってから 15 分が経過したところで実験を止める．このときの最終値が θ_2，t_2 に相当する．次に原理において示す式 (5) を用いて $J_0\ \mathrm{[J/cal]}$ を計算する．計算において t_1 は，分単位ではなく秒単位へ換算することに注意すること．計算で得た実験値が真値（式 (2) の値）と大きく異なる場合は，$40\ \mathrm{W}$ について再実験をすること．いったん実験が終了したら銅製容器の中の水を全部捨てる．そして電力が $30\ \mathrm{W}$，$20\ \mathrm{W}$ においても同様に一連の実験を繰り返す．銅製容器に入れる水の量は毎回ほぼ同じ量になるように注意すること．

5．考　　察

（1）実験データを用いて式 (5) より熱の仕事当量を計算する．これが実験値になる．

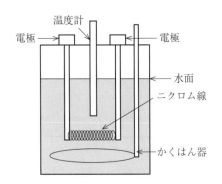

図 1 水熱量計

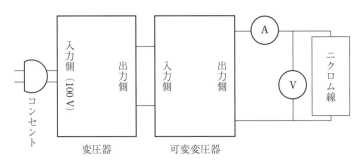

図 2 回路図
A：交流電流計，V：交流電圧計

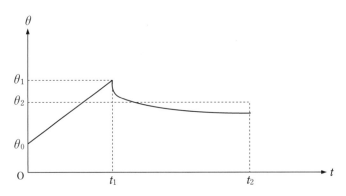

図 3 加熱時と放熱時の水温の時間変化
実験では水温 θ_1 が 50℃ を超えないように注意する．

得られた実験値を一般に知られている熱の仕事当量の値 $J_0 = 4.18605\,\mathrm{J/cal}$ と比較し相対誤差を求める．

(2) さらに式 (21) および式 (27) を用いて補正による熱の仕事当量を求め相対誤差を検討する．

参考文献：「水熱量計による熱の仕事当量の測定」，物理学実験，大阪工業大学工学部一般教育科物理実験室編，学術図書出版社，2021 年

2-1 光とは何か？

「光とは何ですか？　小学生にもわかるように説明してください」．このような質問に答えようとすると結構難しいと感じる．われわれ人間は光を目で感知することができるため，光の物理現象を日常生活の中で無意識に見ている．しかし，その身近な現象を説明しようとすると多くの基礎知識を要することがわかる．もちろん，このテキストだけで全ての光の基礎知識を身につけることはできない．そこで，本実験では，「光の屈折」，「光の干渉」，「光の回折」，「偏光」，「原子スペクトル」という5つの現象について実験を行い，光の現象を物理的に理解することを目的とする．

実験に入る前に「光とは何か？」という質問の答えを考えてみる．皆さんはその答えとして「光は電磁波の一種である」という言葉を聞いたことがあるでしょう．電磁波とは電場と磁場の波動であり，進行方向と電場と磁場が互いに直交した横波である（図1）．図2に示したように周波数（波長）帯ごとに名称がついている．一般にわれわれが「光」というのは図中の"可視光"のことを指

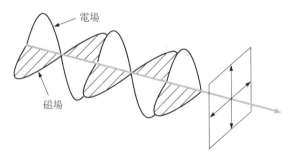

図1 電磁波が伝搬する様子

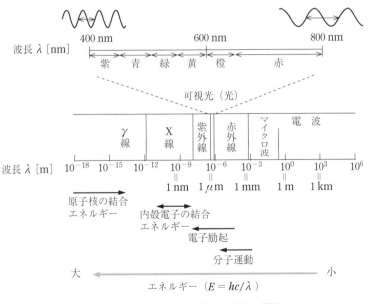

図2 電磁波のエネルギーと波長の関係

しており，電磁波の中の極めて狭い範囲だけを指していることがわかる．しかし，電磁気学の勉強を進めていくと，上にあげた“屈折”，“干渉”といった現象は電磁波全体に当てはまる物理現象であることがわかる．なぜなら，単に波の波長（周波数，エネルギー）が異なるだけで，“X線”，“光”，“赤外線”などと名称が変わっても全て電磁波であるからである．

2-2 光 の 屈 折

1. 目 的

「光の屈折」がなぜ生じるか理解する．また，実際に光学ガラスの屈折率（正確にはガラスの空気に対する相対的屈折率）を実験にて求める．

2. 理論：光の屈折とは

図1のように，水の中に鉛筆を入れると鉛筆が折れ曲がって見えたり，水槽の水底が実際の深さより浅く見えたりすることは身近に経験する．これは2種類の透明物質が境界面で接しているところに光が入射すると，光の進行方向が変化するためである．このような現象を"光の屈折"と呼ぶ．

一般に物質の屈折率 n は，真空中の光速度 c とその物質中の光速度 v の比で，

$$屈折率 = \frac{真空中の光速}{物質中の光速} \qquad n = \frac{c}{v} \tag{1}$$

で定義できる．表1は代表的な物質の屈折率である（168頁の下表も参照）．この表より，真空に対する物質の屈折率は1より大きいことから，物質中の光速度 v は真空中の速度 c より遅くなることがわかる．

光が物質の境界面で屈折する現象は次のように説明することができる．たとえば図2のように空気から入射した光が境界面を通ってガラス中に進む場合を考える．図中の縞模様は位相一定の波面を濃淡の違いで表しており，点Aと点Bでは位相は等しい．速度 v_i で進む波面上の点Bが，点Dに到達するまでの時間 Δt に，同じ波面上の点Aは速度 v_t で進み点Eに到達することになる．このとき，ガラスの屈折率は空気の屈折率より大きいため，時間 Δt で波面が進む距離 AE と BDには AE < BD の関係が成り立つ．すなわち，波面は折れ曲がることになる．以上のように"光の屈折"は物質中を通過する光の速度が物質ごとに異なるため生じる現象であることがわかる．

ここで図2に示したように波面の入射角を θ_i，出射角を θ_t と定義する．図より直角三角形

図1 屈折の様子

表 1 各種物質の屈折率

物質	屈折率
空気	1.000293
ダイヤモンド	2.417
石英ガラス	1.458
水	1.333

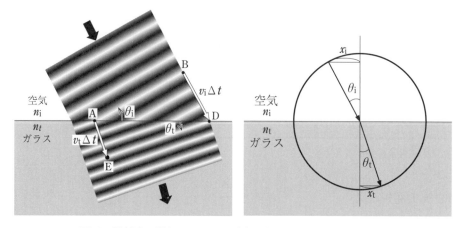

図 2 屈折率の異なるガラスと空気の界面で光が屈折する様子

ABD と AED は共通の斜辺（AD）をもっているので，

$$\frac{\sin \theta_i}{BD} = \frac{\sin \theta_t}{AE} \tag{2}$$

である．ここで，$BD = v_i \Delta t$，$AE = v_t \Delta t$ であるから，

$$\frac{\sin \theta_i}{v_i} = \frac{\sin \theta_t}{v_t} \tag{3}$$

となる．両辺に光速 c をかけると，$n_i = c/v_i$，$n_t = c/v_t$ であるから，

$$n_i \sin \theta_i = n_t \sin \theta_t \tag{4}$$

の関係が得られる．この式が屈折の法則の第 1 の部分であり，1621 年にスネルが提唱したのでスネルの法則としても知られている．

3．屈折率の測定原理

次に物質の屈折率を求める方法について考える．本実験では遊動顕微鏡を用いて，与えられた光学ガラス（レンズなどに用いられる均質性の高いガラス）の屈折率を求める．

図 3（a）のように屈折率 n，厚さ a の光学ガラスの底面にある光源（点 A）を空気中から見た場合を考える．このとき，空気と光学ガラスの屈折率の違いによって点 A の光源はあたかも点 B にあるかのように見える．同図（b）のように A から発する光は，ガラスと空気の境界面に垂直な AOC や，APQ，AST などの経路をとって空気中に出るが，いま光線として AOC およびその近軸光線（APQ）のみを考えることにする．P にたてた面法線 PN と，PQ および PA とのなす角をそれぞれ i, r とすればスネルの法則より

$$n = \frac{n_t}{n_i} = \frac{\sin i}{\sin r} \cong \frac{\tan i}{\tan r} = \frac{\dfrac{OP}{BO}}{\dfrac{OP}{AO}} = \frac{AO}{BO} = \frac{a}{b} \tag{5}$$

を得る．したがって，ガラス板の厚さ a と，その見かけの厚さ b を測れば屈折率 n を求めることができる．

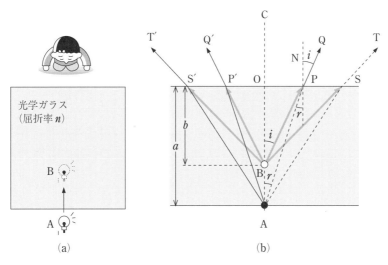

図3 ガラスの厚さ a とその見かけの厚さ b の関係

　なお，本実験では自然光を用いるが一般に屈折率は光の波長により異なる．よって精度の高い実験を行うときは単色光（たとえば Na-D 線など）などの光を用いて測定しなければならない．本実験では自然光（通常の部屋の光）で a, b を測定し屈折率を求める．この実験では，波長の違いによる屈折率の違いは無視できて，可視光全体に対する平均的な屈折率を求めることになる．なお，目に最も強く感じるのは，波長が約 550 nm の黄緑色の光である．波長により屈折率が変化することを光の分散というが，プリズムを透過した自然光が虹色になって見えるのはこのためである（p. 63 コラム参照）．この現象を利用し，プリズムによって波長を分光し，発光物質の元素分析などが可能となる．さらに，屈折率は温度によっても変わるが，本測定方法を用いる限りでは，測定の誤差以下である．

4. 遊動顕微鏡の取り扱いについて

　遊動顕微鏡の外観を図 4 に示した．本装置は比較的低倍率（20〜50×）の顕微鏡と尺度やネジ送

図4 遊動顕微鏡

り装置をうまく組み合わせて，1/20〜1/100 mm の精度で 20 cm 位の長さを測定するために用いる装置である．

使用の際は，まず水準器を見ながら，ネジ S1，S2 で測定台の傾きを調整して気泡を中央にくるようにする．次に，鏡筒の十字線が明瞭に見えるように接眼レンズを調整する．顕微鏡の移動は，つまみ S3 により水平方向に，S4 により垂直方向に行うことができる．標点間の距離を測るには，その 1 つの標点にピントを合わせ，眼の位置を少し動かしても標点と十字線が相対的に動かない（視差がない）ようにさらにピントを微調整した後，主尺と副尺で顕微鏡の位置を読む．次に別の標点に顕微鏡を移動し，その標点を十字線に合わせる．同様な方法でその位置を読み，その差をとれば，それが標点間の距離を与える．拡大鏡は副尺の読み取りに用いる．

対物レンズは，組合せになっていて倍率が変えられるが，必要以上に高くすると焦点距離が短くなり，対物レンズと目的物との間が接近し過ぎて不便であり，往々にして目的物を破損したり，レンズを傷つけたりする．したがって，倍率は 20〜30 倍が適当であり，また像を見いだす際は，最初に対物レンズを目的物に極力近づけてから，徐々に引き上げるようにすれば安全である．

顕微鏡を水平にして使えば，鉛直方向の移動距離を測ることができる．この場合，対物レンズの先の部分をはずすと望遠鏡になるので，離れている観測物体に対しても使用することができる．

5. 使用する装置
遊動顕微鏡，光学ガラス（直方体）

6. 実験方法：光学ガラスの屈折率の測定
遊動顕微鏡を鉛直にし，測定台の表面の細かい傷を A として，これが明瞭に見えるように焦点を合わせる．そのときの顕微鏡の位置を Z 軸上の尺度で読んで Z_a とする．次に屈折率を測るべきガラス板をその上に置き，顕微鏡を少し引き上げて，再び台の表面の傷 A が明瞭に見えるようにしたときの尺度を読み，すなわち A の虚像 B の読みを Z_b とする．さらに顕微鏡を引き上げてガラス板の上面の細かい傷 O に焦点を合わせ，その読みを Z_0 とすれば，$Z_0 - Z_a = a$，$Z_0 - Z_b = b$ であるから (5) 式より n が算出される（注 1）．ガラス板の異なる場所について測定を 10 回以上繰り返し，測定ごとに n を算出してその平均値，および平均値の平均 2 乗誤差を求める．

注 1 本実験で使用する遊動顕微鏡の副尺は，主尺の 24.5 mm を 50 等分してあるので，Z_a，Z_b，Z_0 の測定は，すべて 1/100 mm まで行わなければならない．

データの整理

回	Z_a	Z_b	Z_0	$Z_0 - Z_a$	$Z_0 - Z_b$	$n = (Z_0 - Z_a)/(Z_0 - Z_b)$
1						
2						
⋮						

n の平均値 ＝ 　　　　　 , 　　　　　 平均値の平均 2 乗誤差 ＝

コラム：プリズムの働き（光の分散）

　光の屈折を利用して光の進む方向をコントロールする道具の 1 つとしてプリズムがあげられる．たとえば図 5 のように三角柱の形をしたプリズムに光が入射すると，屈折率の差によって空気と光学ガラス（プリズム）の境界面で光が屈折する．屈折は光が空気中からプリズムに入射する際と，プリズムから空気中に出射する際の 2 度生じる．その結果として，出射光は入射光に対して ϕ（偏角）だけ曲がることになる．ここまでは単一の波長の光（単色光）の場合を説明した．

　一方，太陽光や電灯のような白色光にはいろいろな波長の光が含まれている．この白色光がプリズムに入射したときは，光の波長によって光線の偏角 ϕ は変化する．つまり光の波長によって光線の曲がる度合いが変化する．一般に光学ガラスのような透明な物質の屈折率は波長が短いほど大きくなる．すなわち同じ光学ガラスでも青色の（波長が短い）光の屈折率は赤色の（波長が長い）光の屈折率より大きいといえる．これを光の分散という．その結果，光線の偏角 ϕ は短波長の光ほど大きくなる．この現象を用いるといろいろな波長の光が混ざっている光（複色光）を波長ごとに分ける，すなわち分光が可能になる．図 5 は誇張して描いてあるが，白色光はプリズムの分光作用によって虹の 7 色に分けられることとなる．

　雨上がりに観測される大空の虹も分光作用のひとつである．ではなぜ大空の虹が観測されるのか，屈折率，分散，分光という言葉を用いて説明してみよう!!

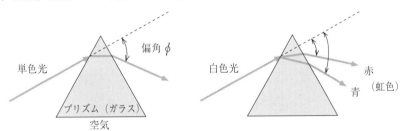

図 5　プリズムにより光が分光される様子

2-3 光 の 干 渉

1. 目　　的

「光の干渉」を物理的に理解する．そして，光の干渉効果として現れるニュートンリングを観察し，与えられたレンズの曲率半径を求める．

2. 理論：光の干渉とは

水面に浮かんだ薄い油の層やシャボン玉が虹色に輝いて見えることはよく知られた現象である．これは薄い膜の2つの境界面から反射された光が互いに干渉し合った結果として理解され，光が波動であることの直接的証拠とみなせる現象である．

いま，図1のように水層の中の2点で同位相の振動を起こした場合を考える．2点から生じた波はお互いに重なり合い，波の山（やや明るい帯）と谷（薄暗い帯）が生じる．このように波は山と山，谷と谷が重なると強め合い（波の振幅が最大），逆に山と谷が重なると弱め合う（波の振幅が最小）という性質をもつ．これを"波の干渉"という．

光も波としての性質をもつため，このような干渉を起こすことになる．しかし私たちは日常，ある特定の状態でしか光の干渉を目にすることができない．たとえば図2のように部屋を暗くし，懐中電灯2つで同じ場所を重ねるように照らすとする．このとき，光の重なった部分が明るくなったり暗くなったり，あるいは，明るい部分と暗い部分ができたりといったことは起こらない．光の波は同じ波といっても水面にできる波とは大きく異なることが想像できる．光の干渉の場合には光源のコヒーレンス（= 可干渉性）といわれるものが重要な意味をもってくる．コヒーレンスについて簡単に述べると，"光源の大きさが小さいほど，また発せられる光の単色性（どれだけ単一波長の光に近いか）がよいほどコヒーレンスが高い，すなわち干渉現象が現れやすくなる"といえる．私たちが日常接している光のほとんどはコヒーレンスがないので，干渉現象を目にすることも限られ

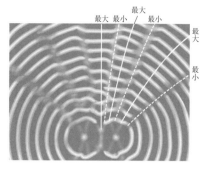

図1 水面での波の干渉と，
波の振幅の大小

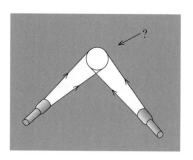

図2 2つの懐中電灯で干渉効果は
見えるか？

るわけである．

ニュートンリングについて

　光の干渉効果の代表的なものとしてニュートンリングと呼ばれるものがある．本実験ではレンズを用いてニュートンリングを実際に観測し，その直径からレンズの曲率半径を求める．図3のように，曲率半径 R が十分大きなレンズ A と，平板ガラス B とを重ねて置いたときにニュートンリングと呼ばれる干渉模様が観測される．すなわち，入射光が平板ガラスに対して垂直であれば，軸 OT について系が回転対称であることと，中心 T から外側に向かって空気層の厚さ η が増加していくこととによって，光の明暗が T を中心とした同心円として観察される（次頁図5）．このような同心円をニュートンリングという．

　さて，図3において入射した光が点 A_1 および B_1 でそれぞれ反射されたとき，この2つの光による干渉を考えてみよう．この両者の経路の違いは $A_1 B_1$ の部分についてだけであるのでその光路差を $\varDelta$ とすれば，$\varDelta = A_1B_1 + B_1A_1 = 2\eta$ である．一方，図3より

$$R^2 = r^2 + (R-\eta)^2 \tag{1}$$

　したがって，

$$2\eta R - \eta^2 = r^2 \tag{2}$$

ここで，$\eta \ll R$ だから η^2 の項を無視して

$$\varDelta = 2\eta = \frac{r^2}{R} \tag{3}$$

ところが，点 A での反射は密から粗な媒質への境での反射だから位相のずれはないが，点 B での反射は逆に粗から密な媒質への境での反射であるから，光の位相は π だけずれることになる．これはちょうど $\lambda/2$ の光路差に相当するので，全光路差としては (3) 式の $\varDelta$ に $\lambda/2$ を加える必要がある．2つの経路を通った光が互いに打ち消し合い暗くなるのは全光路差が半波長 $\lambda/2$ の奇数倍のときであるから，

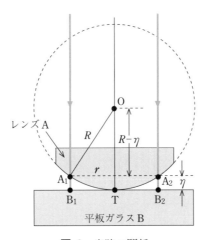

図 3　光路の関係

$$\Delta + \frac{\lambda}{2} = \frac{r^2}{R} + \frac{\lambda}{2} = \frac{2m+1}{2}\lambda \tag{4}$$

よって

$$r^2 = m\lambda R \qquad (m = 0, 1, 2, 3, \cdots) \tag{5}$$

ここで暗輪の直径を d とすれば，$r^2 = d^2/4$ だから

$$d^2 = 4m\lambda R \tag{6}$$

いま m 番目および $(m+k)$ 番目の暗輪の直径をそれぞれ d_m，d_{m+k} とすれば，

$$d_m{}^2 = 4m\lambda R, \qquad d_{m+k}{}^2 = 4(m+k)\lambda R \tag{7}$$

したがって，2 式の差をとれば（注 1），

$$d_{m+k}{}^2 - d_m{}^2 = 4k\lambda R \tag{8}$$

$$R = \frac{d_{m+k}{}^2 - d_m{}^2}{4k\lambda} \tag{9}$$

となり，与えられた波長 λ に対して，暗輪の直径 d_m，d_{m+k} を測定すればレンズの曲率半径 R を求めることができる．

3．使用する装置

平凸レンズ，平板厚ガラス，反射用ガラス板，収束用レンズ，Na ランプ，遊動顕微鏡

4．実験方法

平凸レンズ A と平板厚ガラス B の表面をキムワイプ（実験用ワイパー）にアルコールをつけてふき，表面のほこりを除去する．次にレンズ A，平板厚ガラス B，および Na ランプ（S），収束用レンズ（L），反射用ガラス板（G）を図 4 のように正しく配置する．

光源の Na ランプを点灯し，顕微鏡 M をのぞきながら図 5 のようなニュートンリングが顕微鏡の十字線を中心として明瞭に見えるように，S, L, G などを再調整する．このとき，もし十字線がぼけているようであれば接眼レンズを調節してはっきり見えるようにしておく．ただし，この実験

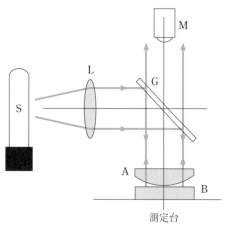

図 4 実験装置の配置

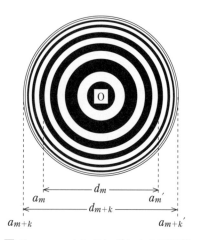

図 5 ニュートンリングによる干渉縞

は低倍率の方が観測しやすいので付属の使用説明書にしたがって，**顕微鏡の対物レンズの一部を取り外して使用すること．** また実験終了後は対物レンズの一部を必ず元の状態に戻しておくこと．

以上の準備ができたら，十字線を左方 10 番目の暗輪（中心の暗い部分が 0 番目であることに注意せよ）に合わせ，その位置 a_{10} を読み取り記録する．次に内側のリングに向かって顕微鏡をずらし 9 番目，8 番目，…，1 番目の位置 $a_9, a_8, \cdots, a_1$ を記録し，さらに中心を経て $a_1', a_2', \cdots, a_{10}'$ まで読み取り，(9) 式を用いて曲率半径 R を求める．次数 m の暗輪はそれぞれある幅をもっているので，位置 a_m, a_m' に対してはそのほぼ中心位置を読み取ればよい．また，位置の読み取りは，副尺により，すべて $1/100\,\mathrm{mm}$ まで行うこと．

5. データの整理

a_m	a_m'	$d_m = a_m - a_m'$	$d_m{}^2$	a_m	a_m'	$d_m = a_m - a_m'$	$d_m{}^2$	$d_{m+5}{}^2 - d_m{}^2$
a_{10}	a_{10}'			a_5	a_5'			$d_{10}{}^2 - d_5{}^2$
a_9	a_9'			a_4	a_4'			$d_9{}^2 - d_4{}^2$
a_8	a_8'			a_3	a_3'			$d_8{}^2 - d_3{}^2$
a_7	a_7'			a_2	a_2'			$d_7{}^2 - d_2{}^2$
a_6	a_6'			a_1	a_1'			$d_6{}^2 - d_1{}^2$

平均値

$$\langle d_{m+5}{}^2 - d_m{}^2 \rangle = \frac{\sum (d_{m+5}{}^2 - d_m{}^2)}{n}$$

したがって，

$$R = \frac{\langle d_{m+5}{}^2 - d_m{}^2 \rangle}{4 \times 5 \times \lambda} \quad (\lambda = 5893\,\text{Å}, \ 1\,\text{Å} = 10^{-10}\,\mathrm{m}) \tag{10}$$

注1 ニュートンリングの直径 d の測定より，曲率半径 R を求めるために (6) 式の $R = d^2/4m\lambda$ なる関係を用いずに，(9) 式を用いる理由は以下の通りである．

いま，何らかの原因（ほこりなど）で図 6 のように，レンズと平板ガラスとが密着しないで ε だけ離れている場合，未知量 2ε だけ余分に光路差が加わることになり，(4) 式に相当する関係は，

$$\Delta + \frac{\lambda}{2} + 2\varepsilon = \frac{r^2}{R} + \frac{\lambda}{2} + 2\varepsilon = \frac{2m+1}{2}\lambda \tag{11}$$

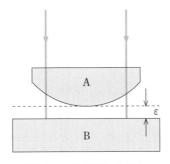

図 6 ε だけ離れた場合

ゆえに，(6)式に相当する関係は

$$d_m{}^2 + 8\varepsilon R = 4m\lambda R \tag{12}$$

したがって，未知量 ε がわからない限り曲率半径 R が求められないことになる．しかし，m 番目と $(m+k)$ 番目の暗輪の直径 d_m と d_{m+k} の2乗の差をとる方法を使えば，ε の項が消去され(9)式が得られることになり，ほこりなどの影響を受けることなく正しい曲率半径を求めることができる．

また(12)式を変形すると，

$$d_m{}^2 = (4m\lambda - 8\varepsilon)R \tag{13}$$

となるから，これより暗輪が現れる次数 m に対し次の制限が加わることになる．

$$m \geqq \frac{2\varepsilon}{\lambda} \tag{14}$$

リング観察の際，もし中心部分 $(m = 0)$ が暗くならないようであれば，この効果によるものと考えられる．

2-4 光の回折

1. 目的

　光の回折現象とは何か理解する．そして回折格子と単色・干渉性の高いレーザーを用いて回折実験を行う．

2. 理論

光の回折とは

　光は電磁波の一種であり，光は直進することがレーザーの光から推測することができる．しかし，"光は直進する"というのは必ずしも正確ではない．というのは，光は波としての性質から，光の進行方向に何らかの物体があると**回折**（diffraction）という現象が起き，光が一部物体の陰に回り込むからである．

　たとえば，図1のように水を張った水槽に物体として板を立てた場合を考える．このとき，板の一部が水に浸った状態にする．そこで指で水を少し突いて水面に波を立て，波が板に当たったときの様子を考えてみる．この図を見てわかるように，波は波の発生点から見て板の陰になるところにも伝わっている．このような現象を回折という．

単スリットにおける回折

　図2は同じく水槽中に単スリット（小さな開口）を設置し，波を立てたときの様子を示したものである．図中の黒い部分は波の山，白い部分は谷を示す．スリットの幅が大きいときはあまり回折が起きていない，すなわち波の回り込みは少なく，波全体の直進性が高いことがわかる．それに対してスリットの幅が小さくなってくると波の回り込みが大きくなり回折現象が顕著になってくることがわかる．

　上記は"水の波"で起こる回折現象であるが，光も波としての性質をもつので回折を起こすはずである．一般に，波には波長が短いほど回折が起こりにくいという性質があるため，水の波や電波

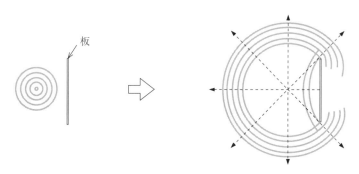

図1　水面での波の回折

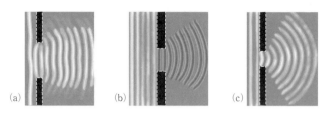

図 2 異なる幅の単スリットから生じる波の回折

に比べて波長が桁外れに短い光では，あらわな回折現象を経験することは日常あまりない．しかし，上記の単スリットにおける回折現象でいうと，単スリットの幅が光の波長と同程度まで小さくなると光による回折現象を観測することができる．

回折格子における回折

　次に，図3のように単スリットがある距離 d で等間隔に並んだ場合を考える．一般にこのような物を透過型回折格子と呼ぶ．

　このような回折格子に波長 λ の光（単一波長光）が入射すると各スリットで回折が生じ，それらの回折波が干渉することになる．その結果，回折光の波面までの隣り合うスリットからの光路差が波長 λ の整数倍になる方向に強い回折光が現れる．図3の3つの図は，それぞれ，0 次の回折（光路差 0），1 次の回折（光路差 1 波長），2 次の回折（光路差 2 波長）の方向を示している．これらの方向以外では，多数のスリットからの回折波が打ち消し合う．

　ここで，この実験で用いる反射型の回折格子について考える．

　図4のように鏡面仕上げを施した金属の表面に溝を等間隔 d で多数刻んだ反射型回折格子を考える．平行光線を角度 θ_0 の方向に入射させると，特定の角度 θ_n の方向に回折波が生じる．ここで回折が生じるための条件を考えてみる．対応する2光線 ABC，A$'$B$'$C$'$ の光路差は入射点 B, B$'$（BB$'$ の間隔を d とする）より A$'$B$'$, BC へ下した垂線の足をそれぞれ B$_0$, B$_0'$ とすれば B$_0$B$'$ － BB$_0'$ だから

$$B_0B' - BB_0' = BB'(\cos\theta_0 - \cos\theta_n) = d(\cos\theta_0 - \cos\theta_n) \tag{1}$$

となり，この光路差が波長 λ の整数倍のときに，この回折の方向で全ての反射面からの光が強め

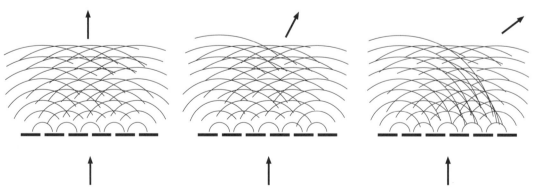

図 3 透過型回折格子による光の回折現象

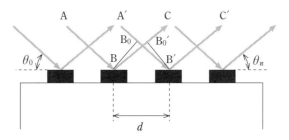

図 4 反射型回折格子面で生じる光路差

合う．したがって，回折の条件は，

$$d(\cos \theta_0 - \cos \theta_n) = n\lambda \qquad (n = 0, \pm 1, \pm 2, \cdots) \tag{2}$$

上式で n を回折波の次数という．なお，回折波のうち金属の表面と角 θ_0 の方向に進む回折波は 0 次の回折波であり鏡面反射と呼ばれている．ここで，波長 λ が既知の場合，(2)式の $(\cos \theta_0 - \cos \theta_n)$ を実験的に求めれば格子定数 d を算出することができる．

そこで，図5のように，回折格子の格子面に対して垂直に置いたスクリーンの上に座標 X を考え，入射光のスクリーンとの交点の座標を X_{00}，0次の回折波の座標を X_0，n 次の回折波の座標を X_n とし，回折格子の入射点 P からスクリーンまでの距離を L とすれば，

$$\tan \theta_0 = \frac{X_0 - X_{00}}{2L}, \qquad \text{よって，} \qquad \theta_0 = \tan^{-1} \frac{X_0 - X_{00}}{2L} \tag{3}$$

$$\tan \theta_n = \frac{2X_n - X_0 - X_{00}}{2L}, \qquad \text{よって，} \qquad \theta_n = \tan^{-1} \frac{2X_n - X_0 - X_{00}}{2L} \tag{4}$$

と表されるから，L, X_{00}, X_0, X_n を直接測定し，θ_0, θ_n を算出し，(2)式に代入すれば，各次数について各々 d を求めることができる．本実験では，以下の特徴をもつレーザー光を使用して格子定数を測定する．

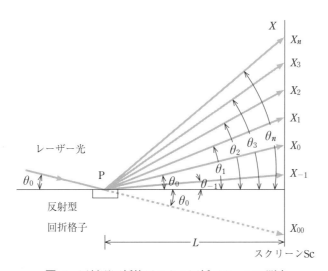

図 5 反射型回折格子による回折パターンの測定

·····レーザー光の特徴·····

レーザー光の特徴を列記すれば以下のようである．

(1)　位相が揃っている．

(2)　平行光線である．

(3)　単色性にすぐれている．

(4)　高輝度である（エネルギー密度が高い）．

···

3．使用する装置

　ヘリウム-ネオン　レーザー（He-Ne　レーザー，波長 6328 Å，1 Å $= 10^{-10}$ m）

　金属製反射型回折格子，T 定規，セロテープ，金属製 1 m 直尺，30 cm 直尺，A4 判方眼紙

4．実　験　方　法

　装置の概略およびその配置を各々図 6 (a), (b) に示してある．以下，図 6 (a), (b) に従って実験の順序を説明する．**なお，レーザー光は直接眼に当ててはならない．**

(1)　A4 判 1 mm 方眼紙を壁板にセロテープで貼り付け，スクリーン Sc とする．

(2)　図 6 (b) に示すように，T 定規の頭部 TT′ をスクリーン Sc に当てがい，レーザー光源装置をその下部台の一辺 BH が T 定規の側部に平行になるように置く．

(3)　(2) の操作が図 6 (b) に示された通りに行われたことを確認した後，レーザー光源装置のスイッチ（装置の後面）を ON にし，スクリーン上に照射される入射光の位置を鉛筆などでマークし，その座標を X_{00} とする．

(4)　回折格子台 TG の直線で示した位置に反射型回折格子 G を置き，回折像をスクリーン上に生じさせる（本操作を行えば，格子面はスクリーンに垂直で，入射角 θ_0 はほぼ 5 度になるように設計されている）．なお，回折像が鮮明に見えるように入射光の中心が反射型回折格子のほぼ中央にあることを確認しておく．

(5)　スクリーン上に生じた回折像の位置をすべて鉛筆などでマークする．さらに，回折像の中で最も明るい像に目印を付けておく．これが後の解析の基準となる 0 次の回折（反射）像である．

(6)　回折格子のレーザー光の入射点 P からスクリーンまでの距離 L を直尺で測定する（なお，入

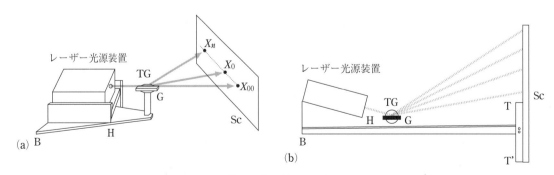

図 6　実験装置の配置

次数 n	座標 X_n	$\dfrac{X_0 - X_{00}}{2L}$	入射角 θ_0	$\dfrac{2X_n - X_0 - X_{00}}{2L}$	回折角 θ_n	$\cos\theta_0 - \cos\theta_n$	格子定数 d

射点 P は入射角 θ_0 が小さいので，扁平な楕円状の拡がりを生じる．それゆえ，目測で拡がり部の中心を定め，P 点の位置とする）．

(7) レーザー光源装置のスイッチを OFF にした後，方眼紙を壁板から取り外し，0 次の回折像を基準として図 6 (a) に示されたように各々の回折像の次数 n を決める．

(8) 各々の回折像の座標 X_n を読み取った後，(3),(4) 式を用いて入射角 θ_0，回折角 θ_n を算出し，その結果を上の表のように整理する．

(9) 以上の結果と (2) 式を用いて回折像の各々の次数 n に対し格子定数 d_n を算出し，格子定数の平均値 $\langle d \rangle$ とその標準偏差 $\sigma_{<d>}$ を求める．

2-5 偏 光

1. 目 的

2枚の偏光板を使用した基礎的光学実験により，光が横波で偏光現象が存在することを理解する．

2. 理論：偏光とは

　光はその進行方向に垂直な面で振動する横波であり，お互いにその振動方向が直角をなす電場の波 E と磁場の波 H で表される．しかし両波の位相は一致しており，それらの振幅には一定の関係があるので，以下の議論では光の電場の波についてのみ論じることにする．

　普通の光源から出る光は多数の原子や分子から放出される光の混合で，このような光の集まりでは各々の光波の振動の方向はまちまちであり，光の進行方向と垂直な面内においてあらゆる向きに均等に分布しているとみなしてよい．このような光の束からある特定方向の光の振動成分のみを通すものが偏光板（[注1] 参照）であり．偏光板に固有な特定の方向は主軸方向と呼ばれる．このような偏光板の役割を果たすものとして，自然界では電気石があり，また人工的にはニコルプリズムや人工偏光板（ポーラロイドなど）がある．

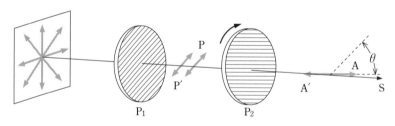

図 1 光の偏光面と伝搬

　いま，図1に示されているように，S 方向に進行する普通の光源から出た光が，偏光板 P_1（主軸方向は PP′）を透過した後には，PP′ 方向の振動成分の光のみとなるが，この場合，光の進行方向に垂直な面内で偏光板 P_1 を回転させても，光源の性質より透過光の強度に変化はない．このような光がもう1枚の偏光板 P_2（主軸方向は AA′ で PP′ とは θ の角をなす）を透過する場合を考える．偏光板 P_1 を透過した PP′ 方向に振動成分をもつ波は，図2に示されているように，光の進行方向に垂直な平面内に x, y 軸をとり，その角振動数を ω とすれば，

$$E = E_0 \sin \omega t = E_{0x} \sin \omega t \, \boldsymbol{i} + E_{0y} \sin \omega t \, \boldsymbol{j} \tag{1}$$

で表される．ただし $\boldsymbol{i}, \boldsymbol{j}$ は各々 x 方向，y 方向の単位ベクトルで，$|E_0|(\equiv E_0)$ は P_1 を透過した光の振幅を表す．このような光の波が図1で示したような，主軸方向が AA′（図2では x 軸と一致させてある）のもう1枚の偏光板 P_2 を透過した後には，AA′ 方向を振動成分とする光のみとなるのでその波は，

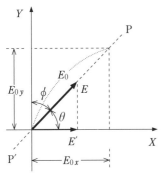

図 2 光のベクトル表示

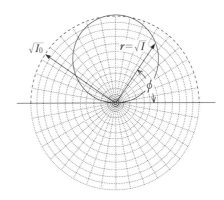

図 3 光の強度 I と ϕ の関係

$$\boldsymbol{E}' = E_{0x} \sin \omega t\, \boldsymbol{i} = E_0 \sin \phi \sin \omega t\, \boldsymbol{i} \tag{2}$$

となる（図 2 参照）．ただし ϕ は θ の余角である．

　2 枚の偏光板 P_1, P_2 は同じ性質をもつものであるが，P_1 はあらゆる振動成分をもつ光の束から特定方向の振動成分を選び出すもので偏光子（polarizer）と呼ばれ，P_2 は P_1 を透過した光の性質を調べるもので検光子（analyzer）と呼ばれる．

　光波の強度は電磁気学の結果より，一般に電場の波の振幅の 2 乗に比例する．検光子 P_2 を透過した光の強度は，(2) 式を 2 乗し，時間平均をとれば

$$I = I_0 \sin^2 \phi \tag{3}$$

となる．ここに I_0 は P_2 に入射する光の強度である．(3) 式より P_2 を透過した光の強度 I は I_0 の $\sin^2 \phi$ 倍になる．ここで(3) 式の関係を，$r = \sqrt{I}$ として極座標 (r, ϕ) で図示すれば図 3 のような円となる（[注 2] 参照）．図中の破線は 1 枚の偏光板 P_1 を回転したときの光の強度を (r, ϕ) で図示したものである．ただし，図 3 は $\phi = 0°$ より $\phi = 180°$ までの関係を示してある．

3. 装置の概略

　偏光装置の概略は図 4 に示してある．装置は光源ランプ L，光源ランプ電源（直流安定化電源）V，偏光板差し込み口 E_1，および E_2，角度目盛板 N，受光素子 X およびその抵抗測定用端子 G により構成されている．光源ランプ部，受光素子部は本体から切り離しが可能なように設計されているが，ランプの交換など必要時以外は切り離してはならない．光源ランプから発した光はスリット C で細い光となり，偏光板を透過した後，受光素子 X に達するように設計されている．受光素子の抵抗値は入射光の強さにより変化する．したがって，両者の関係をあらかじめ求めておけば抵抗値を測定することにより，入射した光の強度を求めることができる．ただし，ここでいう光の強度とは，相対強度であるが，本実験ではこの相対強度を光の強さとする．以上に従って求めた本実験に用いる受光素子に対する入射光の強度 I と抵抗値 R の関係は装置に付属した図（2 枚あるので注意すること）に示してある．

　入射光の強度が弱い場合には，受光素子の光の強度変化に対する応答が遅いので，抵抗値が 40

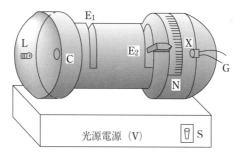

図 4　偏光装置の概略

kΩ 以上であれば約 30 秒間待ってからデジタルマルチメータ（DMM）の指示値を読み取ればよい．

4．実 験 方 法

実験 I

　理論で述べたように，入射光の各々の光波の振動方向がまちまちであり，光の進行方向と垂直な面内で均等に分布しているならば，1 枚の偏光板を透過した光の強度は偏光板の主軸方向を回転しても変化しない．このことを確認するために以下の方法に従って実験を行う．

(1)　偏光板差し込み口 E_2 に差し込まれた偏光板が無理なく回転することを確認した後，偏光板の指針を目盛板 N の角度目盛 0 に合わせる．

(2)　DMM を抵抗測定用にしたのち，端子 G に接続する．光源ランプのスイッチ S および DMM のスイッチを入れる．

(3)　E_2 に差し込まれた偏光板を 0° から 10° ずつ 180° まで回転し，そのつど回転角 ϕ と抵抗値 R を記録する．

　（実験 I での角 ϕ は角度目盛 0 からの回転角を，実験 II では 2 枚の偏光板 P_1, P_2 の主軸方向のなす角の余角をそれぞれ表す）．

実験 II

　偏光子を透過した光を検光子を用いて調べ，その強度分布が理論の (3) 式で説明されること，すなわち光が横波で偏光現象が存在することを確認する．

(1)　装置の状態を実験 I の (2) の状態にし（ランプおよび DMM のスイッチは入れたままでよい）偏光板差し込み口 E_1 にもう 1 枚の偏光板を差し込み，その指針を印のあるところに合わせる．この状態で P_1 と P_2 の主軸のなす角は 90° となるように設計されている（すなわち $\phi = 0$）．

(2)　E_2 に差し込まれた偏光板（検光子）を 0° より 10° ずつ 180° まで回転し，実験 I の (3) と同様，回転角 ϕ と抵抗値 R を記録する．ただし，$\phi = 0$ の強度を $I_{\min}$ として以下の解析に用いよ．

5．データの整理

　実験 I の (3) および実験 II の (2) で測定した抵抗値を付属の 2 枚の図を用いて強度に換算する．

実験IIの (1) の状態で 2 枚の偏光板の光軸の相対回転角度は $90°$ であるから (3) 式より $I = 0$ となり，このような角度関係にある状態を消光位と呼ぶ．

しかし，実際には偏光板の不完全性により消光位の位置でもわずかな透過光の強度 I_{min} が観測される．今回の実験では測定強度（抵抗値より換算されたもの）より I_{min} を差し引いた値を新たに測定強度とすればよい．

実験 I，II の結果を横軸に回転角 ϕ，縦軸に強度 I をとり，1 枚の方眼紙にプロットし，ϕ に対する I の変化の様子を調べよ．この図では (3) 式と比較検討ができにくいので，実験 I，II の結果を $r = \sqrt{I}$ として 1 枚の円グラフ用紙にプロットし，(3) 式と比較検討せよ．$\phi = 90°$ の場合の実験 I と実験 II の r の値を比較すれば，実験 I の r の値のほうが大きくなる．このことは実験 II で使用した検光子の反射，散乱や吸収によるためである．

注 1　通常，光が真空中から，水やガラスなどの等方性物質（誘電率 ε が方向によらず一定）に進む場合にはスネルの法則が成立する．一方，原子や分子が規則正しく配列された結晶（等軸晶系の結晶を除く）中では誘電率 ε は結晶の方向に依存し，一般にテンソル量で表される．その結果，結晶中ではある決まった方向に，その振動がお互いに直交し位相速度の異なる 2 種類の光波が伝わることになる（フレネルの位相速度に関する公式より）．

このような 2 つの光波の一方は結晶中のあらゆる方向に同じ速さで伝わり，結晶内でも等方性物質と同じ伝わりかたをする．また，真空から結晶に進むときも光波はスネルの法則に従うのでこれを常光線という．これに反してもう一方の光波は，結晶中の方向により伝わる速さが変化し，またスネルの法則にも従わないのでこれを異常光線という．ニコルプリズムは上の 2 つの光波の位相速度が異なること（屈折率が異なる）を利用し 1 つの光波を吸収させ，もう 1 つの光のみを通すように工夫されている．また物質の常光線と異常光線に対する吸収能の違いを利用した電気石や人工偏光板（ポーラロイドなど）も最近多く用いられている．いずれの場合も，出てくる光の振動方向は一方向のみである．今回の実験で使用する偏光板は人工偏光板の一種である．

注 2　極座標 (r, ϕ) と直角座標 (x, y) の関係を
$$x = r \cos \phi = \sqrt{I_0} \sin \phi \cos \phi, \qquad y = r \sin \phi = \sqrt{I_0} \sin^2 \phi$$
とすれば，光の強度 I_0 と (x, y) の関係は
$$x^2 + \left(y - \frac{\sqrt{I_0}}{2}\right)^2 = \frac{I_0}{4}$$
となる．

2-6　原子スペクトル

1．目　　的

回折格子レプリカを用いた分光器を自作し，白熱灯や蛍光灯など種々の光源を観察してスペクトルやスペクトル分析の手法を学び，原子物理学への入門を目的とする．

2．理　　論

2-1　分光の原理

(1)　プリズムによる光の分散

プリズムを透過した白色光は虹色に分かれる．これは白色光にはいろいろな色の光が含まれていることを意味する．光の色はその光の波長（あるいは振動数）によって特徴付けられ，波長ごとに光が分かれることを「光の分散」，分離された光の帯を「スペクトル」と呼ぶ．プリズムに入射した光がさまざまな色の成分に分離されるのは，入射光がプリズムによって屈折する際に，屈折する角度が光の波長 λ により異なるためである．入射角 θ_i と屈折角 θ_r は次の屈折の法則によって関係付けられる．

$$\frac{\sin \theta_i}{\sin \theta_r} = \frac{v_i}{v_r} = \frac{\lambda_i}{\lambda_r} = n \tag{1}$$

ここで，λ_i, λ_r は入射光，屈折光の波長を表し，v_i, v_r は入射光，屈折光の速さ，n はプリズムの屈折率を表す．白色光がプリズムでさまざまな色の成分に分離するのは，真空中では $c = 2.9979 \times 10^8$ m/s の光の速さが，物質中では遅くなり，しかもその遅くなり方が光の波長 λ に依存して異なるためである．

(2)　回折格子による光の分散

回折格子によっても，プリズムと同じように光の分散が起こる．この実験で用いる回折格子は，薄い透明プラスチックフィルムに極めて細い平行線を等間隔に多数刻んだもの（このようなものを一般にレプリカという）であり，刻線間のすき間が1つひとつスリットの働きをする．分散の仕組みは，光の回折と干渉という現象によって説明される．図1は1つのスリットによって上方から来た光が回折している様子を模式的に示している．このようなスリットが2つある場合には図2に示すように回折光の干渉が起こり，光の進む方向によって強度分布が変化する．

これらの図は入射光の波長が一定（単色）である場合を示しているが，入射光の波長が異なれば（複数の色成分をもっている場合には）図3に示すように回折光の強度分布も方向によって異なり，光が分散される．

回折光が強くなる条件を考えるために，2つのスリット A, B を通過する2本の光を考える（図4）．2本の光はスリット A, B でそれぞれ回折し，スクリーン上の点 P に，また，直進した光は点

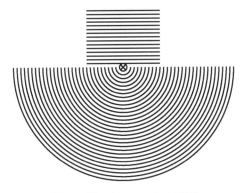

図 1　単スリットによる回折

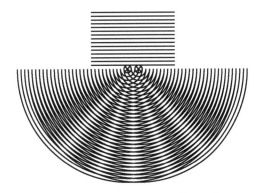

図 2　複スリットによる回折と干渉

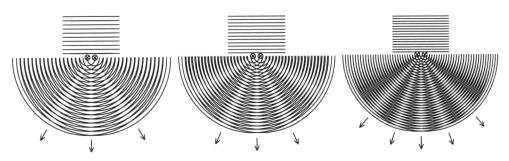

図 3　複スリットによる干渉光の強度分布（波長依存性）

O に到達する．点 P の光の強度は，スリット A と B からの光の干渉によって変化する．スリットの間隔 d に対してスクリーンまでの距離 L が十分大きければ 2 本の光の光路差 BQ は

$$\mathrm{BQ} = d \sin \theta \tag{2}$$

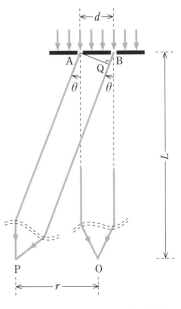

図 4　複スリットの場合の光路

となり，これが入射光の波長 λ の整数倍であれば強め合い，そうでなければ弱め合う．その結果，スクリーン上の位置によって，明暗の縞模様が形成される．

　入射光が複数の波長（色）成分をもっている場合には図 3 で見たように，明暗の縞模様の間隔が波長（色）ごとにスクリーン上でずれるために，入射光が分散されて見える．各回折光の分散角 θ はスクリーン上での透過光と回折光の距離 OP（$= r$），スリットとスクリーンの間隔 L より求めることができる．

（3）　スペクトルの種類

輝線スペクトル：放電や光照射，炎色反応のような燃焼などにより発光した種々の気体原子から得られる線スペクトルで，その原子の電子構造を反映して多くの単色光からなる．発光は原子を構成する電子が，状態間を遷移することにより起こり，状態間のエネルギー差に対応するエネルギーの光を発する．それぞれ発光するときの条件，温度，圧力，電子のエネルギー分布などにより，輝線の強度が異なるが，原子に特有な特定波長のスペクトル分布を示すので，元素分析に利用される．

連続スペクトル：分光器の分解能を上げても線状に分解されず，強度分布が連続的に現れる光の帯を連続スペクトルという．連続スペクトルは，固体，液体などの温度を上げた際の熱輻射に見られる．他に，連続スペクトルの例として，太陽光，白熱電球の光などがある．

2-2　原子のエネルギー準位

（1）　水素スペクトル

　水素ガスを放電させ，発する光のスペクトルを見ると，波長が短くなるにつれて線スペクトルの現れる位置間隔が短くなっている．

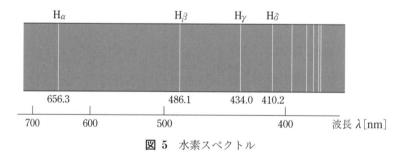

図 5　水素スペクトル

　これら水素スペクトルの可視光領域のスペクトルを H_α 線，H_β 線，H_γ 線，H_δ 線と呼ぶ．H_δ 線は強度が弱く，見えない場合もある．この 4 本の線スペクトルの波長に，

$$\lambda_n = 364.56 \times \frac{n^2}{n^2-4}\ [\text{nm}] \qquad (n = 3, 4, 5, \cdots) \tag{3}$$

の関係のあることが 1885 年，Balmer によって発見され，Balmer 系列と呼ばれるようになった．1890 年には Rydberg によって，これらのスペクトルの波長とその配列について，

$$\frac{1}{\lambda_n} = R\left(\frac{1}{2^2} - \frac{1}{n^2}\right)\ [\text{m}^{-1}] \qquad (n = 3, 4, 5, \cdots) \tag{4}$$

のような関係が導かれた．$R = 1.09737 \times 10^7\,\mathrm{m}^{-1}$ を Rydberg 定数という．

1906 年，Lyman は紫外光領域に

$$\frac{1}{\lambda_n} = R\left(\frac{1}{1^2} - \frac{1}{n^2}\right)\,[\mathrm{m}^{-1}] \qquad (n = 2, 3, 4, \cdots) \tag{5}$$

で表せるスペクトル系列があることを，また Paschen は 1908 年に赤外光領域に

$$\frac{1}{\lambda_n} = R\left(\frac{1}{3^2} - \frac{1}{n^2}\right)\,[\mathrm{m}^{-1}] \qquad (n = 4, 5, 6, \cdots) \tag{6}$$

で表せるスペクトル系列があることを発見した．これらをそれぞれ Lyman 系列，Paschen 系列という．これらをまとめると，水素原子の線スペクトルは n_1 を $1, 2, 3, \cdots$ とし，n_2 をそれより大きい整数として

$$\frac{1}{\lambda_n} = R\left(\frac{1}{n_1{}^2} - \frac{1}{n_2{}^2}\right)\,[\mathrm{m}^{-1}] \tag{7}$$

と表すことができる．n は次に示すように，水素原子の軌道のエネルギー準位を表す量子数に対応する．

(2) 水素原子のエネルギー準位

水素原子スペクトルの理論的説明は，Rutherford の原子模型を基に 2 つの仮定を加えて Bohr によってなされた (1913 年)．

仮定 1：電子はその回る軌道の長さが，電子の波長の整数倍であるような軌道だけを安定に回る．

$$2\pi r = n\lambda = n\frac{h}{mv} \qquad (\text{Bohr の量子条件}) \tag{8}$$

ここで h は Planck 定数（$= 6.6256 \times 10^{-34}\,[\mathrm{J \cdot s}]$），$mv$ は電子の運動量を n は電子軌道の量子数を表す．

仮定 2：電子が，エネルギーの高い軌道 E_2 からエネルギーの低い軌道 E_1 に飛び移るとき，電磁波（あるいは光）の形でエネルギーの放出が起こり，逆に低い軌道から高い軌道に飛び移るときは同じく電磁波の形でエネルギーの吸収が必要となる．この放出または吸収されるエネルギーと電磁波の振動数 ν の関係は

$$h\nu = \Delta E = E_2 - E_1 \qquad (\text{振動数条件}) \tag{9}$$

で与えられる．

これらの仮定と，水素原子核と電子の間の電気的引力（クーロン力）を考慮して計算すると，量子数 n の軌道の電子のもつエネルギーは，電子が無限遠にあるときを基準にして

$$E_n = -\frac{me^4}{8\varepsilon_0{}^2 h^2} \times \frac{1}{n^2} \tag{10}$$

となることが示された．ここで，m：電子の質量，e：電子の電気量，ε_0：真空の誘電率．また，この式と (9) 式の振動数条件から，エネルギーの高い軌道 2 からエネルギーの低い軌道 1 に飛び移るときに放出される電磁波の振動数は

$$\nu_{21} = \frac{1}{\lambda_{21}} = \frac{me^4}{8\varepsilon_0^2 h^3 c}\left(\frac{1}{n_1^2} - \frac{1}{n_2^2}\right) \tag{11}$$

となり（c：光速），(7)式と比較して，水素原子の Rydberg 定数 R は理論的には

$$R = \frac{me^4}{8\varepsilon_0^2 h^3 c} \tag{12}$$

で与えられることがわかる．

（3） 水素のスペクトル系列とエネルギー準位

　図6はおのおのの定常状態に対応する電子の軌道と，各系列のスペクトルを出す電子の遷移の関係を模式的に示す．また，図7は電子遷移の関係をエネルギー準位で示したものである．特に n ＝1の最低のエネルギー準位に相当する定常状態を基底状態といい，$n \geqq 2$ のエネルギーのより高い状態を励起状態という．

　通常の温度では，気体原子内の電子は最もエネルギーの小さい基底状態にあるが，たとえば，放電管内で起こっているように電場で加速された電子に衝突されると，その運動エネルギーの一部をもらって，高い準位に励起される．この励起準位から，エネルギーのより低い準位に落ちるときに電磁波（光）を発し，上で見たようにその波長はそのエネルギー差に対応して決まる．原子による電磁波（光）の吸収の際には，電子は電磁波（光）のエネルギーをもらってより高い準位（より外側の軌道）に移る．

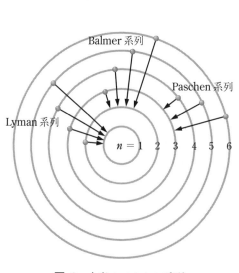

図 6 水素スペクトル系列

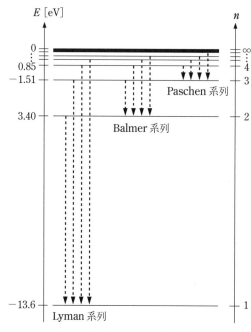

図 7 水素のエネルギー準位

3．装　置

　簡易分光器（回折格子レプリカ，紙箱），作製用具（定規，カッターナイフ，セロハンテープ），光源（白熱電球，各種蛍光灯，各種原子スペクトルランプ）．

4．実　験

(1)　簡易分光器の作製

① 　紙箱（縦・横：およそ20 cm，高さ：およそ5 cm 程度のものが望ましい）に，図8に示すように，スリット（1×20 mm）と回折格子窓（15×30 mm），スペクトル測定用窓（2×100 mm）の位置を描く．

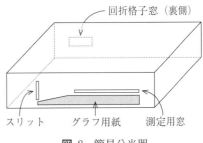

回折格子窓（裏側）

スリット　　　グラフ用紙　　測定用窓

図8　簡易分光器

② 　カッターナイフで窓とスリットの穴を開ける．スリットのシャープさがスペクトルの見え方に影響するので，うまく開けられなかった場合にはアルミフォイルなどで補修する．

③ 　回折格子窓に回折格子シートを貼り付ける．

④ 　スペクトル測定用窓の下に，スリットの位置を基準にしてグラフ用紙を貼り付ける．

(2)　種々の光の観察

① 　作製した分光器で太陽の反射光や散乱光を観察する（目を痛めるので，太陽を直接見ないように注意）．

② 　白熱電球や種々の蛍光灯の光を分光器で観察し，スペクトルの違いを検討する．

(3)　スペクトル分析

① 　Naランプのスペクトルを観察し，その位置をグラフ用紙上に記録，分光器の形状から分散角を計算して回折格子の格子定数 d を求める．ナトリウムの黄色のスペクトルは2本の輝線スペクトル D_1，D_2 で波長はそれぞれ589.6 nmと589.0 nmである．スリットの間隔や回折格子の格子定数によっては，この2本は分離できず1本に見えるので，ここでは1本のナトリウムD線としてスペクトルの位置を記録し，波長の平均値を使って格子定数を算出する．

② 　未知の原子スペクトルランプの光を観察し，スペクトル線の位置をグラフ用紙上に記録，①で算出した格子定数 d から，それぞれの波長を求める．

③ 　得られた波長の値から，図9やデータ表などを参考にして未知元素を同定する．

(4)　Rydberg 定数の算出（余裕があれば）

① 　水素スペクトルと同定されたデータから，Rydberg 定数 R を求める．

② 　理論値と比較する．

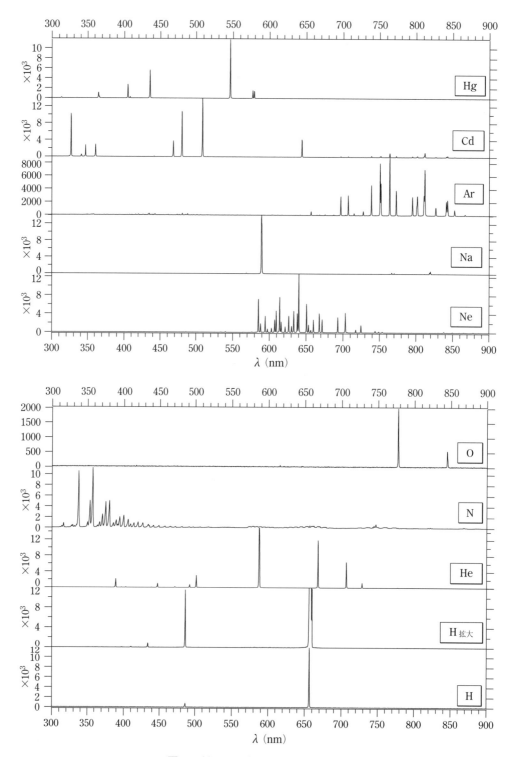

図 9 種々の元素の原子スペクトル

2-7 光と物質の相互作用─赤外光の透過と吸収─

1. 目　的

FT/IR（Fourier transform Infrared spectrometer, フーリエ変換赤外分光光度計）を用いて，試料の赤外スペクトルを測定し，物質を構成する分子の構造などを分析する．あわせて，分析装置の原理，光（電磁波）と物質を構成する分子との相互作用（透過と吸収）について理解を深める．

2. 原　理

2-1 IR（Infrared spectroscopy, 赤外分光）分析

IR分析とは，波長が2.5～25 μm（波数4000～400 cm⁻¹）の赤外光をその波長を連続的に変化させて物質（固体・液体・気体）に照射させ，透過または反射した光を測定することで，試料の構造解析や定量を行う分析方法である．このとき，分子中の原子の結合に基づく固有振動（伸縮振動，変角振動）と同じ周波数の赤外光が吸収されることにより固有のスペクトルが得られる．すなわち，光の吸収を伴いながら物質を透過または反射した光量を，横軸に波数（Wave number），縦軸に透過率（Transmittance）または吸光度（Absorbance）でプロットすれば，図1のような赤外吸収スペクトル（IRスペクトル）が得られる．IRスペクトルは物質を構成する分子の構造や密度により形状が変化することから，その物質の構造分析が可能になる．

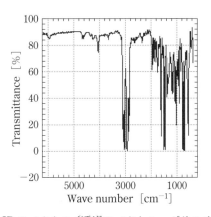

図1 IRスペクトル（透過スペクトル，ポリスチレン）

「2-1　光とは何か？」の図2で示した赤外線の波長領域は，図2に示すように，さらに「近赤外0.7～2.5 μm（14000～4000 cm⁻¹）」，「中赤外2.5～25 μm（4000～400 cm⁻¹）」，「遠赤外25～1000 μm（波数400～10 cm⁻¹）」に分類される．FT/IRのようなIR分光では中赤外領域の光を利用する．

図中の波数 q［cm⁻¹（カイザー）］は1 cmあたりの電磁波の波の数（wave number）を表す．すなわち，波長を λ として

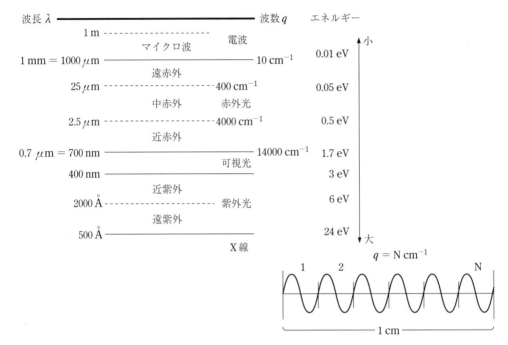

図 2 赤外光の波長，波数，エネルギーの関係

$$q = \frac{1}{\lambda} \tag{1}$$

である．また，エネルギー，波長の関係は次式で与えられる．

$$E = \frac{hc}{\lambda} = h\nu \tag{2}$$

ただし，h はプランク定数，c は光速，ν は振動数を表す．

　量子力学によれば，それぞれの分子には電子の動き（遷移），分子振動，分子の回転運動に基づくエネルギー準位がある．原子は光を吸収または放出する際に電子の遷移を伴う．分子においてもある条件のもとで電磁波を吸収する．図3に示すように，吸収される電磁波のエネルギー（光子の

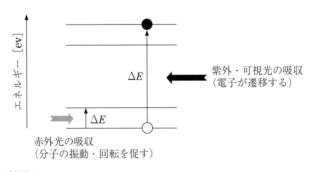

ΔE の種類：
1. 電子遷移：可視・紫外光領域のエネルギー
2. 振動エネルギー準位間の遷移（振動スペクトル）：中赤外領域のエネルギー
3. 回転エネルギー準位間の遷移（回転スペクトル）：遠赤外のエネルギー

図 3　分子と光の相互作用（吸収の違い）

エネルギー）は，分子の"あるエネルギー準位（たとえば，基底状態）"と"別のエネルギー準位（励起状態）"との間のエネルギー差 ΔE に等しい．分子は電磁波のエネルギーを吸収することにより高いエネルギー状態に遷移する．すなわちその分子の振動や回転の状態が変化することになる．この場合，振動や回転運動を誘起するエネルギーは電子遷移に要するエネルギーより小さく，赤外領域の光が必要になる．ただし，このような遷移は，原子の場合と同様に，電磁波のエネルギーが2つのエネルギー準位間のエネルギー差に等しければ起こるというものではなく，"選択則"によって許される遷移（許容遷移）と許されない遷移（禁制遷移）とがある．

さらに，赤外光を吸収できる振動にはもう1つの制限がある．それは，「双極子モーメントの変化を伴うもの」に限るのである．言い換えると，2つの振動が互いに打ち消しあうものは赤外光を吸収しない（赤外不活性）．

分子の振動・回転エネルギー準位は，分子を構成する原子の種類と原子間の結合の強さ，そして分子構造に関係する．IR分光で得られる振動スペクトルは，図4に示すように，伸縮振動と変角振動に由来する．

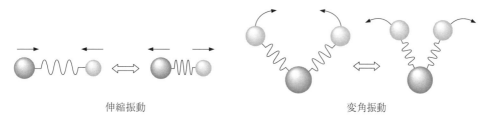

図 4 振動の様式

伸縮振動   変角振動

たとえば，O_2 分子は等核二原子分子であるため，分子振動による双極子モーメントの変化は生じず，IRスペクトルに吸収ピークは現れない．CO分子では分子振動による双極子モーメントの変化が生じるため，$2160 \ \mathrm{cm}^{-1}$ 付近に吸収ピークが観測される．CO_2 のような直線分子の場合，炭素を中心に酸素が対称に伸縮する振動は双極子モーメントの変化が生じないため，吸収ピークは現れない．一方，逆対称に伸縮する振動や変角振動では吸収ピークが現れる（$2349 \ \mathrm{cm}^{-1}$ 付近および $667 \ \mathrm{cm}^{-1}$ 付近）．

多くの原子からなる多原子分子は常温で複雑な振動をしているが，これらを分解すると基本的な調和振動（基準振動）に分けられる．もっとも簡単な場合として2原子間の伸縮振動を考えよう．図7のように，この振動は1本のバネで結ばれた2個の物体間の調和振動にモデル化でき，フック

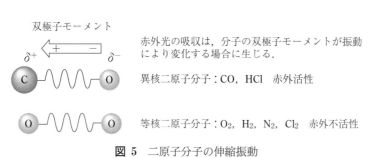

双極子モーメント

δ^+　$\boxed{+ \quad -}$　δ^-

赤外光の吸収は，分子の双極子モーメントが振動により変化する場合に生じる．

異核二原子分子：CO，HCl　赤外活性

等核二原子分子：O_2, H_2, N_2, Cl_2　赤外不活性

図 5 二原子分子の伸縮振動

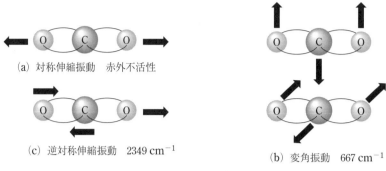

(a) 対称伸縮振動　赤外不活性

(c) 逆対称伸縮振動　2349 cm^{-1}

(b) 変角振動　667 cm^{-1}

図 6　CO$_2$ の基準振動

の法則に関係づけられる．2 個の原子の質量をそれぞれ m_1, m_2, バネ定数（結合係数）を k とすれば，吸収波数 q は次式で与えられる．

m_1　　　m_2

図 7　二原子分子の伸縮振動

$$q = \frac{1}{2\pi c} \sqrt{\frac{k}{\mu}} \tag{3}$$

c は光速を，μ は換算質量を表し，式 (4) で与えられる．

$$\mu = \frac{m_1 m_2}{m_1 + m_2} \tag{4}$$

式 (3) から，吸収波数はバネ定数と原子の質量に依存する．したがって，構成原子の質量が大きいほど，吸収波数は低波数側にずれる．たとえば，O—H 基の伸縮振動による吸収波数は 3600 cm^{-1} 付近にあるが，重水素化した O—D 基では低波数側の 2630 cm^{-1} 付近にシフトする．

　変角振動は一般に，1600 cm^{-1} より低波数側に現れる吸収である．2 つの結合間の角度が連続的に変化する振動で，「はさみ」，「横ゆれ」，「ひねり」および「縦ゆれ」などに分類される．平衡平面内の変角振動を「面内変角振動」，平衡平面外の変角振動を「面外変角振動」とよぶ．図 8 に XY$_2$ 分子の振動形式と表記法をまとめておく．

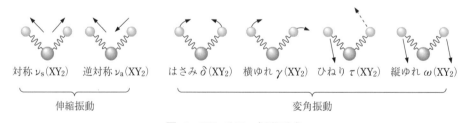

対称 ν_s(XY$_2$)　逆対称 ν_a(XY$_2$)　はさみ δ(XY$_2$)　横ゆれ γ(XY$_2$)　ひねり τ(XY$_2$)　縦ゆれ ω(XY$_2$)

伸縮振動　　　　　　　　　　　　　　変角振動

図 8　XY$_2$ 分子の振動形式

　多原子からなる有機物では，各分子の伸縮および変角振動により多数の吸収ピークが現れる．また，液体，固体そして吸着分子は分子の回転運動が自由には起こらないので，純粋な振動スペクトルが得られる．

2-2 FT/IR の測定原理

　図9は光学系の概略図を示す．赤外光源（高輝度セラミック光源）の光はいろいろな波長の光を含んでいる．この光をコリメータ鏡で平行にして，マイケルソン（Michelson）干渉計に導く．マイケルソン干渉計は半透鏡（ビームスプリッタ，光を半分透過し半分反射する鏡），固定鏡，移動鏡で構成される．光は半透鏡に入射し2つの光束に分けられる．その1つは固定鏡で，もう1つは移動鏡で反射され，半透鏡に戻る．光は位相が同じになると強め合い，位相が異なると弱めあう「干渉」を引き起こす．この干渉計内の移動鏡を動かすことで，光路差による位相差が生じ光の強弱を作る．干渉計を出た光は，試料ホルダー位置で焦点を結ぶ．この位置に試料を置き，試料からの透過光を検出器（DLATGS：L-アラニンをドープした重水素置換トリグリシンサルフェイト）に導く．半透鏡と移動鏡および半透鏡と固定鏡の間の光路差が時間とともに変化することにより，光が干渉する．この干渉した光を干渉波とよぶ．試料を透過したこの干渉波を検出器で検出し，PC を用いて波数成分に数学的に分離する（フーリエ変換する）ことで，波数に対する強度分布すなわち，IR スペクトルが得られる．

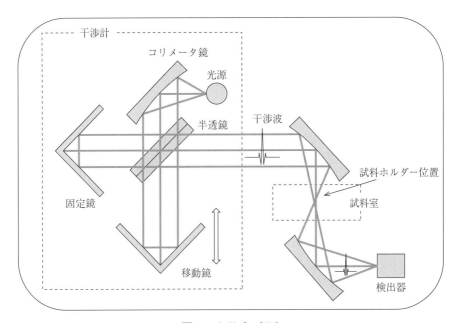

図9　光学系の概略

　次に，IR スペクトルが得られるまでの仕組みを模式的に説明する．

　移動鏡と固定鏡がともに半透鏡から等距離にある位置を光路差ゼロとする．いま，光源から波長λの単色光が照射されているとする．このとき，半透鏡で合成される2つの光束は同位相であるために強め合う．移動鏡が$\lambda/4$動いたときの光路差は$\lambda/2$となるため，2光束は逆位相となり弱めあう．さらに，移動鏡が$\lambda/4$動いて光路差がλになれば，2光束は同位相となり，強め合うことになる．このときの干渉波形は図10（a）のようになる．

　次に，光源から白色光が照射されている場合を考えよう．図10（b）に示すように，干渉波形は，

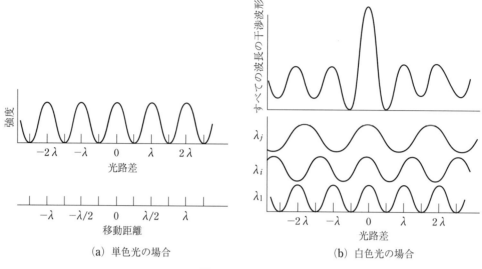

(a) 単色光の場合　　　　(b) 白色光の場合

図 10　干渉波形

光路差がゼロのときすべての波長の光が同位相となるためもっとも強め合う．光路差が大きくなるにしたがい，減衰しながら振幅を描く．

　FT/IR は，一般的にシングルビーム（Single beam，SB）の測定である．すなわち，干渉計内の移動鏡を1回走査することで，バックグラウンドまたは試料スペクトルが測定される．このため，試料室に試料がある状態と試料がない状態（バックグラウンド）の2つの測定から試料の透過スペクトルを得る．図11に示すように，試料があると，ある波数の光が吸収されることになる．この2つの測定から得られた干渉波をフーリエ変換（Fourier transform，FT）して，シングルビームスペクトルを得る．これらのスペクトルには大気中の二酸化炭素や水蒸気の吸収ピークも混在する．試料スペクトルの強度を I，バックグラウンドスペクトルの強度を I_0 とすると，透過スペクトルは以下の式により算出される．

$$I/I_0 \times 100 = 透過率 \,[\%] \tag{5}$$

透過スペクトルでは，各素子のエネルギー特性や，H_2O，CO_2 の吸収がキャンセルされることになる．

　試料の定性分析は透過スペクトルを利用すればよい．定量する場合にはこの形式では不十分で，次式で与えられる吸光度スペクトルに変換する必要がある．吸光度は物質の濃度や厚みに比例するので，吸光度スペクトルのピーク高さやピーク面積を用いて定量分析できる．この場合，図12のランバート・ベールの法則が基礎となる*．

　試料濃度 c，厚さ l の物質に強度 I_0 の光が入射し，強度 I の光が透過した場合，

$$I = I_0 \times 10^{-\varepsilon cl} \tag{6}$$

という関係が成立する．ここで，ε は特定波数での物質固有の吸光係数を表す．このとき，透過度

　＊　実際の提唱者の名前にちなんでブーケ・ベールの法則ともよばれている．

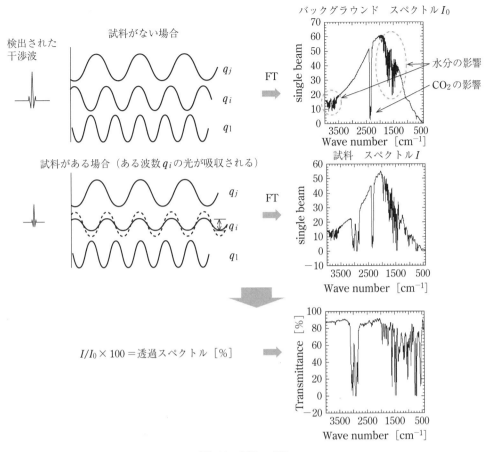

図 11 測定の流れ

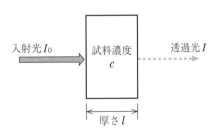

図 12 ランバート・ベールの法則

(T), 透過率 $T\,[\%]$ および吸光度 (Abs) は次式で表される.

$$T = \frac{I}{I_0} = 10^{-\varepsilon cl}, \qquad T[\%] = T \times 100 \tag{7}$$

$$\mathrm{Abs} = \log_{10}\left(\frac{1}{T}\right) = \log_{10}\left(\frac{I_0}{I}\right) = \varepsilon cl \tag{8}$$

吸光度は自然対数で表すこともあるが, 一般的には常用対数で表す. 固体試料の場合, 単位は c [mol・cm^{-3}], l [cm], ε [cm^2・mol^{-1}] であり, したがって, 吸光度は無次元となる. 吸光度スペクトルは透過スペクトル測定後, 後述の [スペクトル解析] プログラムで簡単に変換できる.

2-3 反射干渉法の原理

半導体製品から生活用品まで，膜構造を有する工業製品の開発と品質管理のために膜厚を簡便かつ正確に計測することが必要である．光学的な膜厚計測はサブ nm から数 μm と広い計測範囲をもち，非接触，非破壊で計測ができる優れた特徴がある．予想される膜厚，層数と基板の材質に合わせて，各種の計測法が確立されている．ここでは，反射干渉法による膜厚の測定を行う．

図 13 のように基板上の薄膜に光が入射すると，薄膜表面で反射した光と，薄膜と基板との境界面で反射した光が干渉したものが観測される．これ以外にも，基板の裏面からの反射光や多重反射光があるが，それらの寄与は小さいものとして無視する．薄膜の表面と裏面の反射光の間の位相差 α は次式で表される．

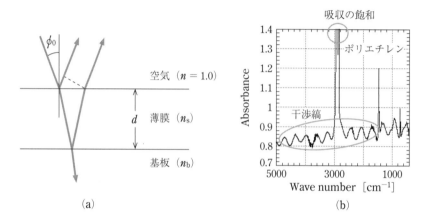

図 13 （a）薄膜による光の反射と（b）干渉した吸光度スペクトル

$$\alpha = \frac{4\pi d}{\lambda}\sqrt{n_s^2(\lambda) - \sin^2\phi_0} + (k-1)\pi \tag{8}$$

ここで，$k\pi$ は，薄膜と基板との境界面で光が反射する際の位相の変化を表し，次のように両媒質の屈折率（薄膜 n_s，基板 n_b）に依存する．

$$\begin{aligned} n_s < n_b \qquad k = 1 \\ n_s > n_b \qquad k = 0 \end{aligned} \tag{9}$$

そこで，反射スペクトルまたは吸光度スペクトルを測定すると干渉による周期的なパターンが得られることがある（図 13（b））．隣り合う山と山，あるいは谷と谷の間の位相差は 2π となる．この 2 つの波長を $\lambda_1, \lambda_2 \, (\lambda_1 > \lambda_2)$ とすると，式（8）から

$$\Delta\alpha = 2\pi = 4\pi d \left(\frac{\sqrt{n_s^2(\lambda_2) - \sin^2\phi_0}}{\lambda_2} - \frac{\sqrt{n_s^2(\lambda_1) - \sin^2\phi_0}}{\lambda_1} \right) \tag{10}$$

が得られる．解析する波長（波数）範囲で，屈折率が波長に依存しないとすると*

$$4\pi d\sqrt{n_s^2 - \sin^2\phi_0}\left(\frac{1}{\lambda_2} - \frac{1}{\lambda_1} \right) = 2\pi \tag{11}$$

となり，膜厚は

---

* 実際には，屈折率は波長に依存する．

$$d = \frac{1}{2\sqrt{n_s{}^2 - \sin^2\phi_0}}\left(\frac{1}{\lambda_2} - \frac{1}{\lambda_1}\right)^{-1} \tag{12}$$

となる.［スペクトル解析］プログラムを起動すれば,［データ処理］メニューの［共通オプション］に式 (12) を使った「膜厚計算…」ソフトがインストールされているので即座に膜厚を算出できる.

2-4 フーリエ変換

フーリエ変換は分光計測,音声・音響分析,画像処理などの信号波形の検出,抽出といった信号処理法として多方面で用いられる.フーリエ変換は重なりあった異なる振動数の波を,振動数ごとに分離する方法である.図 10 で示した単色光の波形を例にとってみよう.移動鏡の位置により同位相になれば光の強度が増し,逆位相になると強度が弱めあう.したがって,光の強度を縦軸に,一定速度で移動鏡を動かした場合の時間を横軸にとると,図 14 (a) のように周期 T_0 の正弦波になる.これをフーリエ変換すると,単色光のスペクトルが得られる.一方,実際の赤外領域の連続光の場合には,さまざまな周波数の波の重ね合わせになる.よって,$t = 0$（光路差ゼロ）のとき,すべての波数の光が同位相で強め合うため信号強度は最大になるが,時間がたつにつれ異なる振動数の波同士が打ち消しあい,信号強度は次第にゼロに収束していく.この信号が図 10 (b) で示した干渉波であり,図 14 (b) に示すように,この干渉波をフーリエ変換することで連続光のスペクトルが算出される.

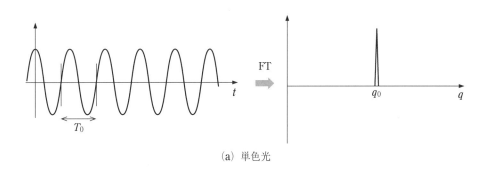

(a) 単色光

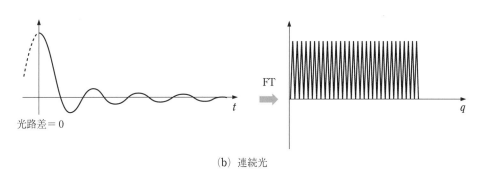

(b) 連続光

図 14 フーリエ変換によるスペクトルの算出

したがって，フーリエ変換を使えば，時間を変数とする関数を，振動数を変数とする関数に変換することができる．その公式は次式で与えられる．

$$F(\omega) = \int_{-\infty}^{\infty} f(t) e^{-j\omega t} \mathrm{d}t \tag{13}$$

$F(\omega)$ を $f(t)$ のフーリエ変換という，角振動数 ω と振動数 ν の関係は $\omega = 2\pi\nu$ であり，j は虚数単位である．また，フーリエ変換に対してフーリエ逆変換は以下の式で与えられる．

$$f(t) = \frac{1}{2\pi} \int_{-\infty}^{\infty} F(\omega) e^{j\omega t} \mathrm{d}\omega \tag{14}$$

式 (13) と (14) をあわせてフーリエ変換対という．また，信号 $f(t)$ とスペクトル $F(\omega)$ は双対の関係にあるという．具体的に δ（デルタ）関数を例にとってみてみよう．

【例】 δ 関数の場合

信号が δ 関数 $[\delta(t)]$ の場合，そのスペクトルは振動数に関わらず 1 という値になる．この δ 関数は，ディラックにより定義されたインパルス関数であり，その面積は 1 である．一方，信号が時間に依存せず 1 のとき，そのスペクトルは図 15 のように δ 関数 $[\delta(\nu)]$ になる．すなわち，時間 t に関する信号と，振動数 ν に関するスペクトルを入れ替えた関係が成立する．

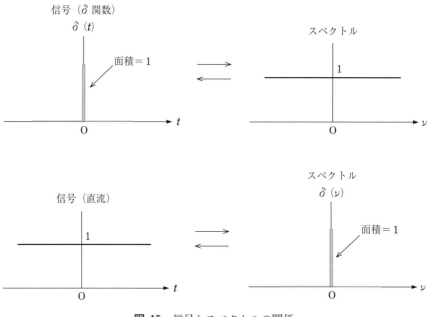

図 15 信号とスペクトルの関係

【問題】

(1) δ 関数の場合について，式 (13), (14) を用いて双対の関係が成り立つことを示しなさい．

(2) 干渉波が周期 T_0 の正弦波であるとき，フーリエ変換することにより，縦軸を任意強度，横軸を波数 q としてスペクトルを描きなさい．

(3) 関数 $f(t) = e^{-\lambda t}$（$0 < \lambda < 1$ かつ $t < 0$ で $f(t) = 0$）に対して，複素関数 $F(\omega)$，振幅スペクトル $|F(\omega)|$，および，位相角 $\angle F(\omega)$ を求めなさい．なお，$|F(\omega)|^2$ をエネルギー密度スペクトルという．

3．装　　置

フーリエ変換赤外分光光度計（FT/IR-6100，日本分光），制御用 PC，プリンター，タブレットマスタースターターキット（Tablet Master Starter Kit），試料調整用具（ピンセット，きりっこ板，定規，カッターナイフ，薬包紙），試料（各種ラップフィルム），ミニプレス，マイクロメータ（精度 0.01 mm），解析用ノート PC

装置の準備：フーリエ変換赤外分光光度計は FT/IR-6100 本体と電源ボックスからなる．

(1) 電源の投入：本体には "RESUME" スイッチと "Power" スイッチがあり，本体が安定化するまでの時間を短縮するために，"RESUME" スイッチは常時 "ON" の状態になっている．実験終了後も "ON" のままにしておく．本体上部の "RESUME" ランプ（緑色）が点灯していることを確認する．

(2) "Power" スイッチを "ON" にする．すると，しばらくして本体から "ピーピーピー" という警告音が聞こえる．

(3) PC（およびモニタ電源）を ON にし，Windows を起動する．

(4) デスクトップ上のアイコン "スペクトルマネージャ" を起動する．

4．実験方法

測定法について

FT/IR 分析では，気体・固体・液体の試料を測定することが可能であるが，試料の形態に応じて最適な測定モードと附属品を選択する必要がある．以下では，透過法で用いられる KBr（臭化カリウム）プレート法による実験について説明する．

4-1　ラップフィルムの透過スペクトル測定

表 1 に示す 3 種のラップフィルムの透過スペクトルを測定し，それらの化学状態と構造の違いを調べる（注 1 参照）．

表 1　食品包装用ラップフィルム

ラップフィルム	材　　質	耐熱温度 [℃]	耐冷温度 [℃]
A	ポリエチレン PE	110	−40
B	ポリ塩化ビニル PVC	130	−60
C	ポリ塩化ビニリデン PVDC	140	−60

（1） 測定試料（KBr プレート試料）の作製

　タブレットマスタースターターキット（乳白色のケース）には Clear Disk 成形器（ベースプレート，ガイドリング，押さえプレート）1 組，Clear Disk Holder 1 個，Clear Disk 数十枚，mini KBr プレート（3×3×0.5 mm³）数十枚がセットになっている．KBr は赤外光に透明な窓材であるが，吸湿性があり水分を含むことで赤外光に不透明になる．したがって，含水溶剤は溶媒として使用できない．もちろん，この KBr プレートを素手で触ってはならない．

　ラップフィルムを所定の大きさに切り出す場合，きりっこ板の上に薬包紙を敷き，ピンセットでフィルムを載せてさらに薬包紙を敷き，定規を当ててカッターナイフで切り出すこと．ラップフィルムの測定部分は素手で触らないこと．

① 図 16 のように，ベースプレートにガイドリング，Clear Disk 1 枚をセットする．

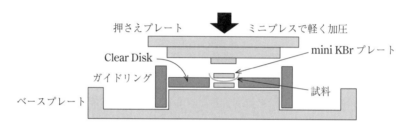

図 16 試料（ラップフィルム）を KBr プレートで挟む様子

② mini KBr プレート（3×3 mm²）1 枚を Clear Disk の穴にピンセットでセットする．

③ Clear Disk の穴よりも少し大きめに切ったラップフィルム 1 枚をピンセットまたは精密ニードルでつまみ，mini KBr プレート上に載せる．

④ もう 1 枚の mini KBr プレートを試料の上に載せ（ラップフィルムをサンドイッチし），押さえプレートをはめた上で，ミニプレスで赤色 LED が点灯するまで軽く加圧する．

⑤ 押さえプレート，ガイドリングを外し，試料を挟んだ Clear Disk を取りだす．作製した Clear Disk にボールペンでサンプル名を書いておくとよい．

⑥ バックグラウンド測定用の Clear Disk を各班で 1 個作製し，共用する．すなわち，ラップフィルムを挟まずに 2 枚の KBr プレートだけをミニプレスで加圧した Clear Disk を準備しておく．ラップフィルム試料を KBr プレートに挟みプレスすることで，スペクトル中に干渉縞（p. 101 図 13（b））が発生するのを解消できる．

（2） FT/IR-6100 による透過スペクトルの測定

　まず，各班のデータを保存するためのフォルダがデスクトップ上にあることを確認する．なければ，右クリックしてフォルダをデスクトップ上に名前をつけて作成しておくこと．

　以下で行うすべての透過スペクトル測定の概略は以下の通りである．

① "スペクトルマネージャ" の起動

② バックグラウンド測定，データの保存

③ 試料測定，データの保存

④　プログラムの終了

　簡易マニュアル（別冊）にしたがって操作すること[1]．

（3）　スペクトル解析

定性分析

　伸縮振動の場合，フックの法則を適用することができるので，式（3）で近似的に帰属（スペクトルの吸収と分子の部分構造を対応させること）は可能である．しかし，定性分析の場合には毎回このような計算を行う必要はない．

　スペクトル領域は大まかに，4000〜2500，2500〜1500，1500〜600 cm^{-1} に分けることができる．4000〜1500 cm^{-1} の領域は伸縮振動による吸収を含んでおり，隣接基からの影響を受けにくい．最後の領域は指紋領域とよばれる．この領域は，似かよった波数の結合が相互作用を受けた結果生じる吸収帯が多く現れ，隣接基のわずかな変化にも敏感に変化するため，類似構造の化合物でも互いに異なるスペクトルを与え複雑である．しかし，逆に同定には有利である．解析手順はどの領域でも一般に以下の通り行う．

①　高波数側（4000 cm^{-1}）からスペクトルを調べていく．

②　メインとなる 2〜3 のピークに注目し，データベースやハンドブックを用いて帰属を行う[2-4]．

③　化合物の組成が限定されているのであれば，その吸収の有無を確認する．

④　すべての吸収ピークを帰属する必要はない．特に指紋領域は C—H，C—Cl などの単結合に由来する吸収が現れるので，注意しておく．

⑤　これらの領域に特定の吸収帯が現れること，逆に現れないことを利用する．

　簡易マニュアルの図1に示したスペクトルマネージャには測定プログラムに加えて，データ解析プログラムがある[1]．紫外可視，赤外，蛍光，ラマン分光光度計など光分析機器で測定したスペクトルを解析するためのプログラムであり，その主要な機能を列記した．

①　ファイル機能：スペクトルの保存，読込，印刷など

②　編集機能：スペクトルのクリップボードへのコピー，View 間のコピーなど

③　データ処理機能：

　ベースライン補正，スムージング（平滑化処理），不要ピーク除去，デコンボリューション（重なったピークの分離），FFT フィルター（ノイズ除去），データ補間カット，四則演算（スペクトル同士，またはスペクトルと定数），微分，ピーク検出，ピーク高さ／高さ比の計算，ピーク面積／面積比の計算，ピーク半値幅の計算，スペクトル同士の差の計算，スペクトルの縦軸・横軸の変換など

　例えば，ピークの検出を行う場合の操作概略は以下の通りである．

①　［スペクトル解析］プログラムの起動とスペクトルの読込

②　ピークの検出

③　ピーク検出結果の表示・印刷・保存

④　プログラムの終了

具体的に簡易マニュアルにしたがって操作してみよ[1].

課　題

① 伸縮振動は2つの原子間の化学結合をバネと仮定してフックの法則を適用することで，式(3)により近似的に帰属が可能である．表2の化学結合の吸収波数 q を計算しなさい．ただし，このモデルは非常に単純化されたものである．たとえば，O—H基では2つの原子の電気陰性度の差が大きいため，O—H結合が大きな分極をもつ．したがって，バネ定数が大きくなり吸収波数に影響を与える．

表2 伸縮振動の吸収波数の概算値

元素	H	C	Cl	O
質量 [kg]	1.67×10^{-27}	1.99×10^{-26}	5.81×10^{-26}	2.66×10^{-26}
	一重結合	二重結合	三重結合	
結合の強さ k [N/m]	500	1000	1500	
伸縮振動	C—H	C=O	C—Cl	
吸収波数 q [cm^{-1}]				

② データベースやハンドブック[2-4]を活用して，各ラップフィルムの透過スペクトルの主要なピークの帰属を行いなさい．これらをもとに，各ラップフィルムの構造式を考えなさい．また，その構造式に至った根拠を述べなさい．帰属はプリントアウトした透過スペクトル上に書き込みなさい．

4-2　反射干渉法を用いた膜厚の測定

ラップフィルムのように平滑な試料の透過スペクトルを測定した場合，透過スペクトル中に薄膜の表面と裏面での反射による干渉縞がみられることがある．このようなスペクトルは上述のKBrプレート法で測定するのではなく，ラップフィルムをプレートホルダー(図17)に直に挟んで測定することで得られる．

図17 プレートホルダー

(1)　測定試料の作製

各ラップフィルムをプレートホルダーの光路穴よりもやや大きめに切り出す．本ホルダーはマグネット方式なのでフィルム試料を挟むだけでよい．

(2)　透過スペクトルの測定

簡易マニュアルの図3に示したように，装置内部のサンプルホルダーのガイドにそって試料を挟んでいないプレートホルダーを挿入しバックグラウンド測定を行う[1]．そのシングルビームスペクトルを「名前をつけて保存する」．次に，ラップフィルムを挟んだプレートホルダーを試料室にセ

ットし，各ラップフィルムの透過スペクトルを順次測定する．各データは各班のフォルダに保存すること．スペクトル中に干渉縞がみられない場合には，プレートホルダーのフィルム試料を挟みなおし再度測定を試みること．

（3） スペクトル解析

定量分析

膜厚計算を行う場合の操作概略は以下の通りである．

① ［スペクトル解析］プログラムの起動と透過スペクトルの読込
② 膜厚計算
③ 計算結果の表示・印刷・保存
④ プログラムの終了

簡易マニュアルにしたがってそれぞれのラップフィルムの膜厚を算出してみよ[1]．

4-3 マイクロメータによる膜厚測定

各フィルム1枚をやや大きく切り出し，それらの膜厚をマイクロメータで5回測定する．測定結果を表にまとめ，平均膜厚［μm］を平均2乗誤差とともに求めること．得られた結果を定量分析結果と比較検討すること．非常に薄い膜であるため，マイクロメータのゼロ点補正を正確にすること．

余裕があれば以下の測定を行い，解析すること．

4-4 吸光係数の算出

（1） 測定試料（KBr プレート試料）の作製

ラップフィルムを短冊状に切り出し，二つ折り，三つ折りおよび四つ折りした試料を2枚のKBr プレートに挟み，ミニプレスで軽く加圧する．すなわち，ラップフィルム2枚重ね，3枚重ね，4枚重ねした試料の Crear disk を作製しておく．各 Clear Disk にボールペンでサンプル名と重ね枚数を記録する．

（2） 透過スペクトルの測定・解析

定量分析

バックグラウンド測定用の KBr プレート2枚をプレスした Clear Disk でバックグラウンド測定し，そのシングルビームスペクトルを「名前をつけて保存する」．

ラップフィルム A（PE）を2枚重ね，3枚重ね，および4枚重ねして2枚の mini KBr プレートで挟んだ Clear disk を Clear Disk Holder に装着し，透過スペクトルを測定してデータを保存する．

スペクトル解析プログラムを起動し各スペクトルを読み込む．各フィルムの透過スペクトルの縦軸を吸光度に変換し，「名前を変えて保存」する．各試料の吸光度スペクトルで $1485-1445\,\mathrm{cm}^{-1}$ の範囲にある1本のピークについて，簡易マニュアルにしたがってその高さ強度を算出し，記録すること[1]．

先の実験で得られたラップフィルム A（PE）1 枚の高さ強度とあわせて，それら高さ強度の変化を方眼紙で横軸にラップフィルムの膜厚×枚数（1 枚〜4 枚）［μm］，縦軸に吸光度をとってプロットする．式（8）を参考にして，フィルム A のこのピークの吸光係数を求めなさい．ただし，密度 c を 0.940［g/cm^3］とする．この場合，吸光係数の単位は［cm^{2}g^{-1}］となる．また膜厚 l は反射干渉法で得られた値を用いなさい．

表示例：q_{max}（ε123），ただし，q_{max} は波数の値である．

注 1

ラップフィルムのような，厚さ十数 μm 以下の比較的薄いフィルムはそのまま透過法で測定できる．これに対して厚いフィルムになると，試料による赤外光の吸収が大きくなるために吸収ピークが飽和する．したがって，解析可能な IR スペクトルを得ることができなくなるので注意が必要である．

食品用ラップフィルムは食品の保存や調理などに使用され，十分な耐熱性・耐水性をもつ合成樹脂製フィルムである．主な原材料樹脂として，家庭用ではポリ塩化ビニリデン（PVDC）やポリエチレン（PE），スーパーマーケットなどで使われる業務用ではポリ塩化ビニル（PVC）やポリオレフィン（PO）が用いられる．PVDC や PVC 製のラップフィルムには，樹脂を柔らかくするための可塑剤に加え，酸化防止剤などの化学物質が添加されている．

参考文献

[1]　スペクトルマネージャ簡易マニュアル

[2]　独立研究開発法人産業技術総合研究所，"有機化合物のスペクトルデータベース SDBS"，（http://sdbs.db.aist.go.jp/sdbs/cgi-bin/cre_index.cgi）

[3]　日本分析化学会高分子分析研究懇談会編，"高分子分析ハンドブック"，朝倉書店，p. 150（2008）

[4]　日本分析化学会高分子分析研究懇談会編，"新版高分子分析ハンドブック"，紀伊国屋書店，p. 136（1995）

3-1　ブラウン管オシロスコープ

1. 目　的
　電気的振動現象の観測を通じて，ブラウン管オシロスコープの原理と利用方法を習得する．

2. 原　理
　ブラウン管は，図1のように電子銃 K，水平偏向板 X, X'，垂直偏向板 Y, Y'，および蛍光面 S をもった真空管の一種である．図1において，偏向板に電圧が加わっていないときは，電子銃 K から出た電子流は，直進して，蛍光面 S の中央 O 点に衝突し，そこに輝点（spot）を生じる．もし偏向板に電圧が加わると，その間の電場により電子の進路は曲げられて，点 O から外れた位置（たとえば図1の点 P）に輝点が移動する．一定限度内では，このような輝点のずれは，各偏向板に加えられる電圧 E_X および E_Y に比例するから，これらの電圧の相関関係は，蛍光面 S 上の輝点の変位（点 O に対する座標）として視覚化されることになる（電場のために生じた輝点のずれの大きさと，偏向板に加えられた電圧の大きさとの比を通常偏向感度という）．

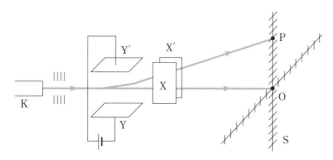

図 1　電場により電子線が曲げられる様子

　時刻 t に対して電圧が

$$E_Y(t) = V_0 \sin \omega t \tag{1}$$

のように変化する現象を，グラフに描くと図2（a）のようになる．いま，ブラウン管の水平偏向板 X, X' に，時間とともに一定の変化をする電圧 $E_X(t) = e_0 + Kt$（図2（b）参照）を加えると，時刻が $t_0, t_1, \cdots, t_5$ と経過するにつれて，S 上の輝点は，図2（c）の点 A から点 B まで水平方向に等速度で移動する（この走査を水平軸を時間掃引するという）．これと同時に，垂直偏向板に（1）式で表される電圧 E_Y を加えると，輝点は垂直方向にもずれるから，S 上には，A-C-D-E-F-B のような図形が描き出される．これは，横（時間）軸が一定の割合 K で圧縮（または引伸）されていることを除けば，図2（a）と全く同等の図形になっている．

　これで，1回の時間掃引の間だけ与えられた現象 $E_Y(t)$ と同じ（時間的変化の）図形が得られたことになるが，これを繰り返して S 上に描かせないと観測はできない．そこで，水平偏向板の電圧 E_X を t_5 以後に B から A の状態に戻して再び掃引を繰り返すことになるが，前と同じ位置を輝

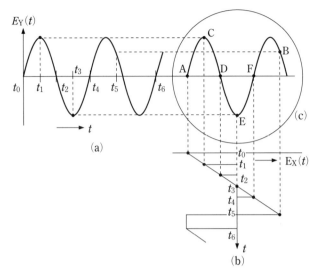

図 2 輝点の変位

点がたどって静止した図形を描かせるためには，このときの掃引開始時刻を前の A と同じ位相の E_Y になる時刻 t_6 に合わさなければならない．このように掃引開始を垂直偏向板の電圧変化が同一位相になる時刻に合わせることを，「同期をとる」という．

　普通のオシロスコープには，入力信号 V の位相を検知して同期をとる回路が組み込まれている．一方，外部からの別の信号（トリガー**）によって，掃引を開始させる機能をもったものもあり，これをトリガー掃引方式という．

〈注〉 ＊　ブラウン管を CRT（陰極線管 Cathode Ray Tube），またブラウン管オシロスコープを CRO（Cathode Ray tube Oscillo-scope の略）と略記することがある．

　　＊＊　信号の合図で掃引が始まるのを，銃の引き金（trigger）にたとえて名付けられた．

3．装　　置

　ブラウン管オシロスコープ（図 9），交流電源箱（図 3 参照），コンデンサー（容量が貼付してある），プローブ（図 10）2 本，デジタルマルチメータ（DMM）（交流電圧計用とする），発振器

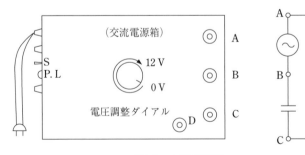

図 3 交流電源箱

4．オシロスコープの操作方法

　以下の操作に際しては，オシロスコープの各機能を付記 II 図 9 に記載されているその機能説明図を参照しながらよく理解しておくこと．

(1)　電源スイッチを投入する前に，スイッチおよびツマミ類を次のようにセットしておくこと.

　　　掃引方式（MODE）・・・・・・・・・・・・・・・・・・・・・・・・・・・・・・・・AUTO
　　　X-Y 動作（X-Y）・・・・・・・・・・・・・・・・・・・・・・・・・・・・・・・・・OFF
　　　同期信号源（SOURCE）・・・・・・・・・・・・・・・・・・・・・・・・・・・・・VERT
　　　垂直偏向動作（VERT MODE）・・・・・・・・・・・・・・・・・・・・・CH 1
　　　表示の極性反転（CH 2 INVERT）・・・・・・・・・・・・・・・・・・OFF
　　　同期信号スロープ極性（SLOPE）・・・・・・・・・・・・・・・・・OFF
　　　同期レベル調整（TRIGGER LEVEL）・・・・・・・・・・・・・・中央
　　　垂直位置調整（POSITION）・・・・・・・・・・・・・・・・・・・・・・・・CH 1,2 とも中央
　　　垂直軸感度（VOLTS/DIV）・・・・・・・・・・・・・・・・・・・・・・・CH 1,2 とも 50 mV/DIV
　　　　　（内側の小さいツマミ（VARIABLE）はそれぞれ右に回しきっておく）
　　　入力信号結合方法（AC-GND-DC）・・・・・・・・・・・・・・・・・CH 1,2 とも AC
　　　水平位置調整（HORIZONTAL POSITION）・・・・・・・・・・中央
　　　掃引時間微調整（HORIZONTAL VARIABLE）・・・・・・右に回しきる
　　　掃引時間（SWEEP TIME/DIV）・・・・・・・・・・・・・・・・・・・・1 ms/DIV
　　　表示拡大（×10 MAG）・・・・・・・・・・・・・・・・・・・・・・・・・・・OFF
　　　焦点調整（FOCUS）・・・・・・・・・・・・・・・・・・・・・・・・・・・・・・中央
　　　輝度調整（INTEN）・・・・・・・・・・・・・・・・・・・・・・・・・・・・・・中央

(2)　電源スイッチ（POWER）を ON にし，ランプの点灯を確認する．

(3)　まもなく画面上に輝線が現れるから，輝度調節ツマミ（INTEN）でその明るさを，また，焦点調節ツマミ（FOCUS）で輝線が先鋭になるように調節する．もし，輝線が中央に現れていないときは，垂直および水平位置調節ツマミ（POSITION）で調節する．

5．実験 I　交流電圧・周波数の測定

［操作］

(1)　付属のプローブ（図 10 参照）上のスイッチを×1 にし，その差し込みジャックを CH 1 の INPUT に右に回しながら差し込み，リングを右に回してロックする．

(2)　交流電源箱（図 3）の端子 A, B にプローブの入力信号側と黒クリップを接続する．また，DMM を上記 A, B と接続し，DC/AC モードを AC にする．

(3)　オシロスコープの CH 1 の垂直感度ツマミ（VOLTS/DIV）を 5 V/DIV に，掃引時間ツマミ（SWEEP TIME/DIV）を 5 ms/DIV にセットする．これでオシロスコープの垂直入力端子に 5 V の電圧変動があれば上（または下）に 1 DIV（＝ 1 cm）輝点が動き，水平軸方向には，5 ms 間に 1 DIV（＝ 1 cm）の割合で輝点が移動していくように，内部で回路が設定されたことになる．

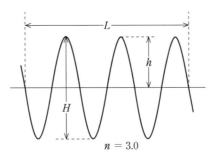

図 4 波形の様子

ここで DIV とは，division（分割）を意味しているにすぎなく，単位ではない．

(4) 交流電源箱の電圧調節ダイアル（V. ADJ）を左いっぱいに回して 0 V にした後，その電源ス
イッチを入れる．続いて，DMM の表示に注意しながら，電圧調節ダイアルを右に回して約 6 V
の電圧が AB 間に現れるようにする．

(5) 信号波形が二重になって現れたり，静止しないときは同期レベル調整ツマミ（TRIGGER
LEVEL）を少し左右に回してみよ．

(6) 安定した波形が得られたら，蛍光面上の図形から，図 4 のように波の数（完結した振動の数）
n とこれに対する水平軸方向の距離 L を測る．次に掃引時間を 2 ms/DIV から 10 ms/DIV まで
切り替えて，同様の測定を繰り返す．

(7) 今度は，交流電源箱の電圧を 2, 4, …, 12 V と変化させて，そのときの電圧計の読みとオシロ
スコープの波形に対する振幅（図 4 参照）とをそれぞれ記録する．

(8) 交流電源スイッチを OFF にする．

［結果の整理］

以上の測定で得られた諸量を，たとえば次の表 1，表 2 のように整理して交流の周波数 ν および
交流電圧の尖頭値（最大値）V_p と実効値 V_{rms} との関係を求めてみよ．

表 1 S, n, L, T の関係

掃引時間 S [ms/DIV]	波の振動の数 n	n 回振動の水平軸距離 L [DIV]	周期 $T = \dfrac{LS}{n}$ [ms]
2 5 10			

平均の周期 $T = \qquad \times 10^{-3}$ s，　周波数 $\nu = \dfrac{1}{T} = \qquad$ Hz

表 2　V を変化させたときの V_{p} と V_{rms} の関係

交流電圧計の読み V_{rms} [V]	垂直軸感度 σ [V/DIV]	振幅の 2 倍 H [DIV]	振幅 h [DIV]	電圧の尖頭値 $V_{\mathrm{p}} = \sigma h$ [V]	電圧の実効値 V_{rms} $V_{\mathrm{p}}/\sqrt{2}$ [V]
2					
4					
6					
8					
10					
12					

〈注〉　図 4 で，h は蛍光面上の波形に対する振幅であって，波の山から谷までの長さ H の半分である．測定は h を直接に求めず，H で行った方がよい．そのためにも画面上には波を数個描かせておくように掃引時間をセットするのがよい．

　電圧実効値 V_{rms} とは，電圧瞬間値 $V_{\mathrm{p}} \sin \omega t$ の 2 乗を平均したものの平方根で，Root　Mean Square (rms) value ともいい，$V_{\mathrm{p}}/\sqrt{2}$ に等しい．これを確かめよ．交流電圧計の読みは実効値を示している．

6. 実験Ⅱ　位相差の測定

［説明］

　図 5 のようにコンデンサー C と抵抗 R を直列につないだ回路において，R の両端に現れる電圧 E_{R} は，交流電源の電圧 E_{S} に対して，次のように位相角 δ だけ位相が進むことが，交流理論の簡単な計算から導きだされる（付記Ⅰ参照）．

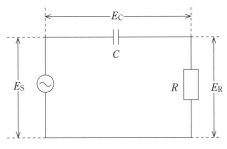

図 5　RC 直列

$$E_{\mathrm{S}} = a \sin \omega t$$

$$E_{\mathrm{R}} = b \sin (\omega t + \delta)$$

$$\sin \delta = \frac{1}{\sqrt{1 + (\omega RC)^2}} \tag{2}$$

このような位相差は，オシロスコープを使って，次のように実験的に求めることができる．

　いま，オシロスコープの垂直軸に $E_{\mathrm{Y}} = A \sin (\omega t + \delta)$，水平軸に $E_{\mathrm{X}} = B \sin \omega t$ のような同一周波数で位相の異なる交流電圧を加えたとすると，蛍光面上には図 6 のようなリサジュー図形が現れる（原理の項を参照して各自考えよ）．このリサジュー図形から位相角 δ が，次のようにして求

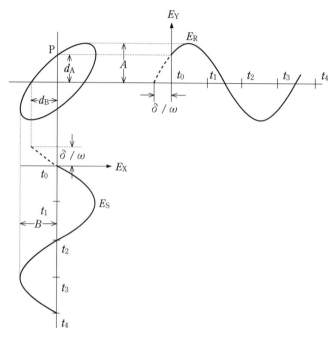

図 6 リサジュー図形

められる．垂直軸と図形が交わる点 P では $t = 0$ とみなせるから，

$$d_\mathrm{A} = (E_\mathrm{Y})_0 = A \sin \delta$$

$$\therefore \quad \sin \delta = \frac{d_\mathrm{A}}{A} = \frac{d_\mathrm{B}}{B} \tag{3}$$

（この式の後半については，各自考えてみよ）．したがって，オシロスコープを使用すれば，回路定数未知の部分の位相のずれを，理論式 (2) によることなく，決定できる．

　以下では，オシロスコープの CH 2 の垂直入力端子に内蔵されている入力抵抗（1 MΩ）を図 5 の R とみなして既知の C により実験から δ を求めた上で，理論値との比較を行うことにする．

［操作］

　まず最初に次のように各機能をセットする．

　　X-Y 動作ツマミ（X-Y）……………………………………ON

　　CH 1, 2 の垂直位置調整ツマミ（POSITION）………… 中央

　　CH 1, 2 の垂直軸感度ツマミ（VOLTS/DIV）………… 5 V/DIV

　続いて，以下の操作を行う．

(1)　プローブを実験 I と同様に CH 1 の垂直入力端子に差し込み，黒色クリップを交流電源箱の端子 A に，入力信号側を端子 C につなぐ．また端子 BC 間にコンデンサー C を接続する．さらに AC-GND-DC スイッチを，CH 1, 2 とも DC にセットする．

(2)　別のプローブ（この場合，このプローブのスイッチも ×1 になっていることを確認せよ）を

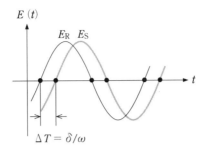

図 7 E_S, E_R の時間波形

CH 2 の垂直入力端子に差し込み，黒クリップを交流電源箱の A に，入力信号側を B に接続する．これで，CH 1 および CH 2 はそれぞれ図 5 の E_R および E_S に対応する．

(3) 交流電源箱の電圧調節ダイアルを中央位置におき，CH 1 および CH 2 の垂直軸感度ツマミを各々適当に調節して図 6 に示したような図形を描かせて，位相差 δ の測定を行う．このとき $2d_A, 2A, 2d_B, 2B$ の長さを読み取ること（〈**注**〉参照）．

(4) 次に，図 5 の電圧 E_S, E_R の時間的変化を画面上に描かせて，直接観測により位相差 δ を確認する（図 7）．まず，X–Y 動作ツマミ（X–Y）を OFF に戻す．次に，

① 垂直偏向動作スイッチ（VERT MODE）を CHOP にする．

② CH 1，CH 2 の AC–GND–DC スイッチを GND にし，2 つの輝線の垂直位置を画面中央の原点に合わせた後，AC にしておく．

③ 掃引時間ツマミ（SWEEP TIME/DIV）を 2 ms/DIV に切り替える．このとき，CH 1 に入力した E_R，CH 2 に入力した E_S の 2 波形が現れるが，どちらが E_S であるかが不明な場合，CH 2 のポジションツマミを少し動かすとよい（この後，必ず GND にして CH 2 の零点を再調整する．零点がずれると正しく測定できないからである．）．

④ 2 波形をスケッチし，両波形と X（時間）軸との交点から位相差を時間 ΔT の値で読み取る（図 7）．角度（radian）になおすには，実験 I で求めた T を使い $\delta_{\mathrm{obs}} = 2\pi \dfrac{\Delta T}{T}$ で得られる．位相差をさらに精度よく観測するには掃引速度を 1 ms/DIV にすればよい．試してみよ．

〈**注**〉 図形の中心が，X–Y 軸の交点（原点）に一致するように，水平位置調節ツマミと CH 1 の垂直位置調節ツマミを操作せよ．このとき，いったん CH 1，CH 2 の AC–GND–DC スイッチをともに GND にし，輝点の位置を原点に合わせるとよい．

[**結果の整理**]

以上の測定で得られた諸量をたとえば次の表 3 のように整理する．このようにして求めた $\delta_{\exp}$（実験値）を，公式 (2) から計算して求めた δ_{cal}（理論値）と比較せよ．ただし，(2) の計算にあたっては，$R = 1\,\mathrm{M\Omega}$，$\omega = 120\pi\,\mathrm{rad/s}$，また C の容量は使用したコンデンサーにテープで印された値（μF 単位）を使用する．

表 3　$\sin\delta$ の計算

	振幅の2倍の長さ（DIV）	軸を切る図形上の2点間の長さ（DIV）	$\sin\delta$
垂直軸方向	$2A =$	$2d_A =$	
水平軸方向	$2B =$	$2d_B =$	

$\sin\delta$ の平均値 $=$

$\therefore\quad \delta_{\mathrm{exp}} =$

また，$C =$ 　　$(\mu\mathrm{F})$, 　　$\delta_{\mathrm{cal}} =$

なお，直接観測より 　　$\delta_{\mathrm{obs}} =$

7.　実験Ⅲ　リサジュー図形の観察

前の位相の測定では，オシロスコープの垂直軸，水平軸に同一周波数を与えて，その描くリサジュー図形から位相角 δ を求めた．

方向が互いに垂直な2つの単振動

$$E_X = A\sin(2\pi f_1 t)$$

$$E_Y = A\sin(2\pi f_2 t + \delta)$$

の合成で，それぞれの周波数 f_1, f_2 を変化させると，2次元運動の描く複雑な無終端曲線が描ける．ここで，δ は水平軸の正弦波信号に対する垂直軸の正弦波信号の位相の進みを表し，δ ラジアンだけずれていることを示している．いま，周波数の比（$f_2 : f_1$）が整数比をとるとき，この2次元運動は周期的となり，閉曲線となるが，f_2/f_1 の値によっては図8に示すような種々の形のリサジュー図形が観測できる．ただし，ここでは位相角を確定することができないので，単にリサジュー図形の変化の様子を観察するにとどめる．

［操作］

オシロスコープの各機能を次のようにセットした後，以下の操作を行う．

　　　CH 1 の感度　　　　0.5 V/DIV

　　　CH 2 の感度　　　　0.5 V/DIV

　　　X–Y 動作　　　　　ON

(1)　プローブを CH 2 の入力端子に差し込む．このプローブの入力信号側を1台目の発振器の赤色クリップとつなぐ．次にプローブの黒色クリップを発振器の黒色クリップにつなぐ．発振器は，使用波形を正弦波にする．出力調整ツマミ（AMPL：AMPLITUDE の略語）は，反時計方向に回しきり，MIN の位置にする．周波数は，60 Hz に設定する（60 と入力後に Hz のボタンを押す）．

(2)　別のプローブを CH 1 の入力端子に差し込む．2台目の発振器を利用して (1) と同様の操作を行う．2台目の発振器の周波数も 60 Hz に設定する．

(3)　1台目，2台目の各発振器の出力調整ツマミを回してリサジュ図形がオシロスコープの画面

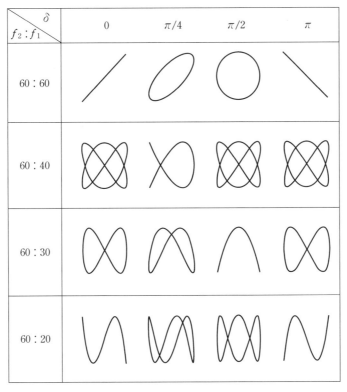

図 8 リサジュー図形

上ほぼ中央位置に広がるようにする.

(4) 発振器の周波数 f_1 を 20 Hz にすると図 8 の最下段のリサジュー図形が観測できる. ただし, 発振器の周波数が必ずしも安定でないために, 図形は変化し, あたかも位相角 δ が変化しているかのように見える. しかしその変化は極めて緩やかであるので, 観測することは十分可能である. 交流電源箱の周波数 f_2 は実験 I で求めたように, ほぼ 60 Hz であるので, その比はおよそ $f_2 : f_1 = 3 : 1$ となる.

(5) 次に発振器の周波数を 30 Hz, 40 Hz, 60 Hz と順次変えてみて, 図 8 の一連のリサジュー図形を観察せよ.

課題

$f_2 : f_1 = 2 : 1$ とし, 位相角 δ を 0 rad および $\pi/2$ rad としたときのリサジュー図形を, 図 6 を参考にしてそれぞれ作図せよ.

付 記　I

実験 II の説明に出てきた公式 (2) の厳密な証明は, 交流理論の教科書によることにして, ここでは簡単に導いてみる. 図 5 において R の両端の電圧を E_R, C の両端の電圧を E_C とし, この回路を流れる電流を I とおけば,

$$E_S = E_R + E_C = a \sin \omega t \tag{4}$$

一方

$$I = C\frac{\mathrm{d}E_C}{\mathrm{d}t} = \frac{E_R}{R} \text{ であるから } \frac{\mathrm{d}E_S}{\mathrm{d}t} = \frac{\mathrm{d}E_R}{\mathrm{d}t} + \frac{E_R}{RC} \tag{5}$$

現象が角周波数 ω の周期的なものであるから

$$E_R = b \sin(\omega t + \delta) \tag{6}$$

の形の解が期待できる．(4),(6) 式を (5) 式に代入して整理すれば，

$$\left\{ \omega(a - b \cos \delta) - \frac{b \sin \delta}{RC} \right\} \cos \omega t = \left\{ \frac{b \cos \delta}{RC} - \omega b \sin \delta \right\} \sin \omega t$$

となる．これが時間に関係なく常に成り立つためには

$$\omega(a - b \cos \delta) - \frac{b \sin \delta}{RC} = 0$$

$$\frac{b \cos \delta}{RC} - \omega b \sin \delta = 0$$

でなければならない．これより，

$$\tan \delta = \frac{1}{\omega RC}$$

すなわち

$$\sin \delta = \frac{1}{\sqrt{1 + (\omega RC)^2}} \qquad \text{かつ} \qquad \frac{b}{a} = \frac{\omega RC}{\sqrt{1 + (\omega RC)^2}} = \cos \delta$$

付記Ⅱ　2現象同時観測用オシロスコープ（ケンウッド CS-4125A）

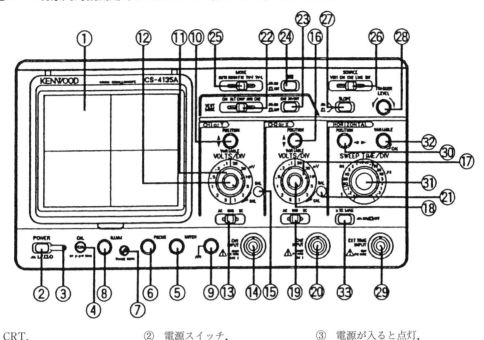

① CRT.
② 電源スイッチ.
③ 電源が入ると点灯.
④ 校正用信号の出力端子.
⑤ 輝線の明るさを調整.
⑥ 焦点を調整して，表示を鮮明にする.
⑦ 水平輝線の傾きを調整.
⑧ 管面目盛の明るさを調整.
⑨ 接地端子.
⑩ CH 1の波形の垂直位置を調整.
⑪ CH 1の垂直軸感度を設定.
⑫ CH 1の垂直軸感度を連続的に変える.
⑬ CH 1の入力信号の結合方法を選択.
⑭ CH 1の入力端子.
⑮ CH 1のバランス調整（調整済み）.
⑯ CH 2の波形の垂直位置を調整.
⑰ CH 2の垂直軸感度を設定.
⑱ CH 2の垂直軸感度を連続的に変える.
⑲ CH 2の入力信号の結合方法を選択.
⑳ CH 2の入力端子.
㉑ CH 2のバランス調整（調整済み）.
㉒ 垂直軸の動作方式を選択.
㉓ 表示（CH 2）の極性を切り替える.
㉔ つまみが押し込まれた状態で，垂直軸の動作モード（VERT　MODE）の設定とは無関係に，CH 1をY軸，CH 2をX軸とする <u>X-Y オシロスコープ</u> として動作.
㉕ 掃引方式の選択.
㉖ 同期信号源の選択.
㉗ 同期信号源となる入力信号のスロープの極性を選択.
㉘ 同期レベル調整.
㉙ 外部同期信号の入力端子.
㉚ 波形の水平位置を調整.
㉛ 掃引時間の設定.
㉜ 掃引時間を連続的に変える.
㉝ つまみを押し込むと，表示が管面中央から左右に 10 倍拡大される.

図 9　前面パネル

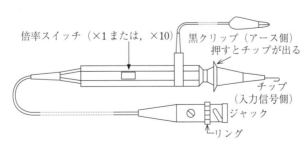

図 10　測定プローブ

3-2 ダイオードの特性

1. 目的

電圧電流特性と整流作用を調べることによって，ダイオードの特性を理解する．

2. 理論

シリコン（ケイ素）Si やゲルマニウム Ge などの結晶は，導体と不導体（絶縁体）の中間の抵抗率をもち，温度や光など外部の条件によって，導体にも不導体にもなる性質をもっている．このような物質を半導体という．半導体の結晶内に微量の不純物を加えたものを不純物半導体という．これに対して，不純物を含まない半導体を真性半導体という．

p 型半導体（p は positive の略，正電荷の正孔（ホール）が主役であることを意味する）は，シリコン，ゲルマニウムなどの真性半導体物質にアルミニウム Al，ガリウム Ga，インジウム In などが含まれていて，正孔が自由に動き回れる．他方，n 型半導体（n は negative の略，負電荷の電子（自由電子，伝導電子）が主役であることを意味する）は，真性半導体物質にリン P，ヒ素 As，アンチモン Sb などの物質が不純物として含まれているもので，その中で電子が自由に動き回れる．

実験で使用するダイオードは，p 型半導体と n 型半導体を接合した pn 接合ダイオード（pn junction diode）である．

1 つの真性半導体の結晶内に，p 型の領域と n 型の領域をつくり，それぞれの部分に電極を取り付ける．2 つの領域は互いに接しているとすると，拡散現象により p 型からは正孔が，n 型からは電子が，それぞれ相手方に移動し，接合付近に電子も正孔も少ない空乏層が生じる．その結果，接合部付近でイオン化のため p 型側は負に，n 型側は正に帯電する電位障壁が生じ，これによる電場ができる．この電場のため電子や正孔の移動は阻止されて平衡状態に達する．電位障壁はシリコンでは約 0.7 V である．

次に外部から，p 型に正，n 型に負の方向（順方向）に電圧をかけると，その電場が弱くなり，正孔と電子はともに接合面に移動して結合し，消滅するが正極では電子が奪われることによって正孔が，負極からは電子がそれぞれ供給されて，電流は流れ続ける．逆に，外部から，p 型に負，n 型に正の方向（逆方向）に電圧をかけると，電子や正孔の移動を阻止していた電場はさらに強くなり，正孔と電子はともに接合面から遠ざかる向きに力を受けて移動し，接合面付近には正孔，電子が存在しなくなり，電流はほとんど流れない．以上の順方向と逆方向の正孔と電子の移動の様子を図 1 に示す．

ダイオードの回路記号としては，図 2 に示すように矢印の先端に縦棒を描いたものを用いる．縦棒の側が n 型半導体を表す．矢印の向きは順方向で電流が流れやすく，その反対の向きは逆方向で電流がほとんど流れない．このような電流の一方通行を整流作用と呼ぶ．シリコンダイオードの電圧電流特性を図 3 に示す．

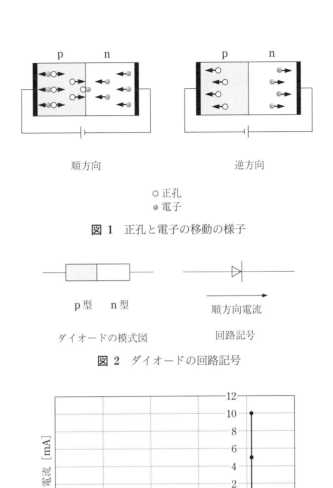

図 1　正孔と電子の移動の様子

○正孔
●電子

p型　n型

ダイオードの模式図

順方向電流

回路記号

図 2　ダイオードの回路記号

図 3　電圧電流特性

　交流電圧をダイオードと抵抗の直列回路に加えると，整流作用が行われる．ダイオードに順方向電圧がかかるときにだけ電流が流れるので，抵抗の両端の電圧は，正弦波の半波のみが現れる．実験では，交流電圧として発振器を用いる．

　さて，2端子素子である抵抗を考えると，その両端に電圧をかけたとき，流れる電流は電圧に比例する．したがって，抵抗は，電流と電圧の関係がオームの法則に従う線形素子である．それに対して，ダイオードの両端に電圧をかけたとき，流れる電流はその電圧に比例しない．したがって，ダイオードは，電流と電圧の関係がオームの法則に従わない非線形素子として動作する．

　まとめると，2端子素子であるダイオードの電圧電流特性は，非線形かつ方向依存性がある．

3．装　　置

　直流電源，デジタルマルチメータ（DMM）2台，回路盤，シリコンダイオード，抵抗（1 kΩ，100 kΩ），オシロスコープ，発振器

4. 実 験 方 法

実験 1　順方向に接続した場合の電圧測定

(1)　回路盤上に直流電源，シリコンダイオード，抵抗 (1 kΩ)，直流電圧計 (DMM)，直流電流計 (DMM) を図 4 のように接続する．

(2)　直流電源のスイッチを入れる．直流電源の電圧を 0 V から増加させ，電流値が 1.0 mA, 2.0 mA, …, 10.0 mA のときの電圧を測定する．次に，電源電圧を下げて，電流値が 0.10 mA から 1.0 mA までの電圧を測定する．

(3)　直流電源のスイッチを切る．

実験 2　逆方向に接続した場合の電流測定

(1)　シリコンダイオードを，実験 1 と逆向きに接続する（図 5 参照，直流電圧計の配置に注意）．

(2)　直流電源のスイッチを入れる．直流電源の電圧を 0 V から増加させ，5 V，10 V，15 V のときの電流値が 0.0 μA 程度であることを確認し，データを実験ノートに記録する（注）．

(3)　直流電源のスイッチを切る．

実験 3　半波整流作用の波形観測

(1)　回路盤上に発振器，シリコンダイオード，抵抗 (100 kΩ)，オシロスコープ (V_s, V_r の波形観測) を図 6 のように接続する．

(2)　発振器の波形選択ボタンを正弦波，周波数を 100 Hz にする（100 と入力後に Hz のボタンを押す）．

(3)　発振器の電源スイッチを入れる．オシロスコープの VERT MODE を CHOP にし，信号入力端子の入力信号結合方法を DC にセットする．オシロスコープで波形を観測しながら，出力調

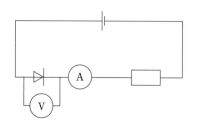

図 4　順方向特性の測定回路

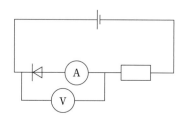

図 5　逆方向特性の測定回路

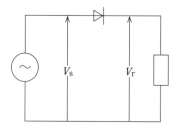

図 6　半波整流回路

整ツマミ（AMPL）を MIN の位置から徐々に時計方向へ回していき，発振器出力電圧を尖頭値（最大値）4 V にする．

(4) 発振器の電源スイッチを切る．

5．検　討

(1) 順方向に接続した場合の電圧電流特性のグラフ（方眼紙，片対数）を描く．

(2) 半波整流作用の観測波形をグラフに描く．

(3) 全波整流という言葉の意味を調べよ．そして，半波整流と全波整流にどのような違いがあるか，また，全波整流をするためにはどのような回路にしたらいいのか述べよ．

（補足）

ダイオード電流 I は，利用する電圧 V に対して

$$I = I_s \left\{ \exp\left(\frac{eV}{k_B T} \right) - 1 \right\} \tag{1}$$

で表される．$e\,(>0)$ は，電子の電荷，k_B はボルツマン定数，T はダイオードの絶対温度，I_s は飽和電流値である．順方向の電圧・電流特性は，図 7 のようになる．

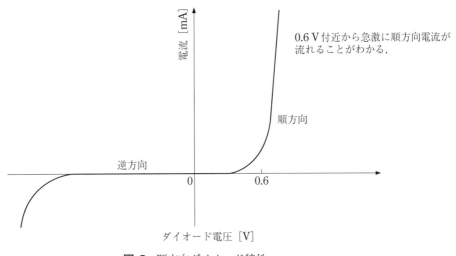

図 7 順方向ダイオード特性

（注） 実験 2 は，逆方向接続をした場合，μA オーダー以下の直流電流しか流れていないことの確認を目的とします．電流値を正しく測定できているわけではありませんので誤解しないで下さい．順方向の場合と比較して非常に小さな電流値であることがわかります．

3-3 トランジスタの特性

1. 目　的
　半導体素子であるダイオードやトランジスタの動作原理を学び，トランジスタの電気的特性を調べ，さらにトランジスタを利用した増幅回路について実験を行う．

2. n 型半導体と p 型半導体
　ダイオードやトランジスタの構成材料であるシリコン Si やゲルマニウム Ge の結晶は，適当な不純物の添加により，次のような性質の異なる 2 種類の半導体になる．

　1 つは **n 型半導体**とよばれるもので，電気伝導の担い手（キャリアという）が負（negative）の電荷をもつ電子によるものである．これは Si や Ge の価電子の数（4 価）より 1 つ多い数の価電子をもつ不純物元素（たとえばヒ素 As）を微量添加することによって作られる．もう 1 つは，Si や Ge より 1 つ少ない数の価電子をもつ不純物元素（たとえばインジウム In）の添加によって結晶中に生ずる正孔（電子の抜け孔であり，見かけ上，正（positive）電荷をもった粒子のように振る舞う）をキャリアとする **p 型半導体**である．

3. ダ イ オ ー ド
　p 型と n 型の半導体を接合させると図 1 に示すダイオードが得られる．図 1 (a) のように p 側が正に n 側が負になるように電圧をかけると，正孔や電子はそれぞれ p → n, n → p に向かって接合面を通過することができるので電流が流れる．このとき流れる電流を**順方向電流**といい，このような電圧のかけ方を順方向バイアスという．逆に図 1 (b) のように，p 側が負，n 側が正になるように電圧をかけた場合（逆方向バイアス）は，正孔や電子はそれぞれ接合面から遠ざかる方向に移動する．このため，接合面を通過するキャリアが存在しないので，**逆方向電流**は流れない．このように，ダイオードは電流を一方向にのみ流す**整流作用**がある．

　実際には，わずかながら p 領域にも電子が，n 領域にも正孔が存在するため，逆方向バイアスでも電流が流れる．しかし，この逆方向電流は順方向電流に比べて非常に小さく，また逆方向バイア

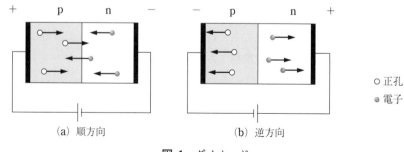

（a）順方向　　　　　　　　　（b）逆方向

図 1　ダイオード

スの増加とともに飽和するので（飽和電流値 $= I_s$），整流作用を打ち消してしまうことはない．ダイオード電流 I は，普通，かけた電圧 V に対して

$$I = I_s\left\{\exp\left(\frac{eV}{k_B T}\right) - 1\right\} \tag{1}$$

で表される．$e\,(>0)$ は電子の電荷，k_B はボルツマン定数，T はダイオードの温度（絶対温度），I_s は飽和電流値である．

4. トランジスタ

　p 型半導体を上下から n 型半導体ではさんだものを npn 型トランジスタ，逆に n 型を p 型ではさんだものを pnp 型トランジスタという．この実験では，前者の方を扱う．図 2(a) に npn 型トランジスタの構造を，図 2(b) にその回路記号を示す．上の n 型領域をキャリア（この場合は電子）を集めるものという意味でコレクタ（C），下の n 型をキャリアを放出するものという意味でエミッタ（E）という．p 型領域はベース（B）という．

　図 3(a) のように，コレクタ・エミッタ間にコレクタ側が正となるような向きに電圧 V_{CE} を加える．この場合，コレクタ・ベース間には逆方向バイアスがかかったことになるため，コレクタ電流 I_C はほとんど流れない．しかし，図 3(b) のようにベース・エミッタ間に順方向バイアスをかけると，大きなコレクタ電流が流れるようになる．この現象は次のように説明される．順方向バイアス V_{BE} がかけられたので，エミッタ中の電子はベースに，ベース中の正孔はエミッタに入る．ベースに入った電子の一部はベース電流 I_B となるが，ベースは非常に薄くつくられているので大部分はベースとコレクタの接合部（BC 接合面）に達する．この部分には，コレクタ側が正となるように電圧がかかっているのでエミッタからの電子はさらに加速されて，コレクタに流入しコレクタ電流 I_C となる．このとき，電流 I_B をわずか変えることにより，電流 I_C を大きく変えることができる．これが**トランジスタ作用**である．

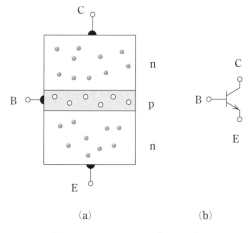

(a)　　　　　　　　(b)

図 2　トランジスタ（npn 型）

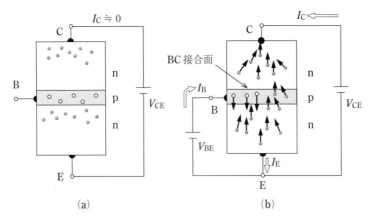

(a)   (b)

図 3 トランジスタ（npn 型）の動作（エミッタ接地*）

5. トランジスタの特性（図 4 参照）

V_{BE}-I_B 特性

　図 3(b) において，C–E 間の電圧 V_{CE} を一定に保ったときの，B–E 間の電圧 V_{BE} とベース電流 I_B との関係で，入力特性ともいう．ダイオードに順方向バイアスがかかっているときの電圧と電

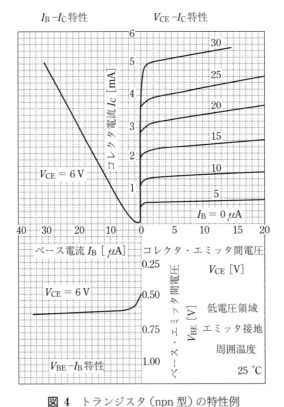

図 4 トランジスタ（npn 型）の特性例

　＊　トランジスタに 2 種類の電圧をかけるとき，図 3 のようにエミッタを共通にする場合をエミッタ接地という．

流の関係 [(1)式] と本質的に同じである．V_{CE} にはほとんど依存しない．

I_B-I_C 特性

　V_{CE} を一定に保ったときの，ベース電流 I_B とコレクタ電流 I_C との関係で，電流伝達特性ともいう．V_{CE} にはそれほど依存しない．I_C が I_B の何倍であるか，すなわち

$$h_{FE} = \frac{I_C}{I_B}$$

を（エミッタ接地の）直流電流増幅率という．その値はトランジスタにより異なるが，$h_{FE} = 50 \sim 500$ である．

V_{CE}-I_C 特性

　I_B が一定のときの V_{CE} と I_C の関係のことで，出力特性ともいう．I_B に強く依存する．

6．トランジスタの特性の測定

　回路盤，μA 計（I_B），DMM（V_{BE}），直流電圧計（V_{CE}），mA 計（I_C），直流電源（V_{CC}）を用いて図5の回路を構成する．極性（＋，−）に十分注意する（回路盤の端子 A と B には何も接続しない．コンデンサ C は後の増幅作用の実験に使用するためのものである．この測定には何の影響も及ぼさない）．

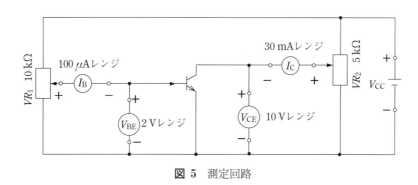

図5 測定回路

V_{BE}-I_B 特性および I_B-I_C 特性

(1)　VR$_1$ および VR$_2$ のツマミを**反時計方向**に回しきる．

(2)　直流電源の電圧調整ツマミを出力ゼロの位置にしてから，その電源スイッチを入れる（注1）．

(3)　電圧調整ツマミを回して直流電源の出力電圧 V_{CC}（電源のメータで読む）を約6 V にする．

(4)　VR$_2$ を回し，電圧計 V_{CE} の指示を4 V に合わす．

(5)　VR$_1$ を回し，電流計 I_B の指示を表1の値に合わせていき，そのつど電圧計 V_{BE} と電流計 I_C の指示を読み取り記録する（**注意**：I_B を増やしていくと，V_{CE} が4 V より下がる．V_{CE} ＝ 一定の条件を保つために，VR$_2$ により再度 V_{CE} ＝ 4 V にしてから V_{BE} と I_C を読む）．

表 1 V_{BE}-I_B, I_B-I_C 特性

V_{BE} [V]	V_{CE} = 4 V	
	I_B [μA]	I_C [mA]
	0	
	1	
	3	
	5	
	10	
	15	
	20	
	30	この間 10 μA おきに測定
	·	
	·	
	·	
	100	

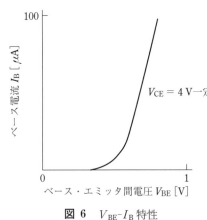

図 6 V_{BE}-I_B 特性

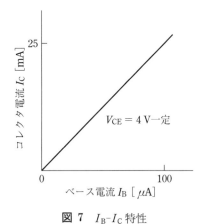

図 7 I_B-I_C 特性

注 1 OUTPUT スイッチも入れる（そのとき，OUTPUT の赤ランプが点灯）.

(6) 結果を図 6, 7 のように表す.

V_{CE}-I_C 特性

(1) VR$_1$ および VR$_2$ のツマミを**反時計方向**に回しきる.

(2) 直流電源の出力電圧 V_{CC} を約 10 V にする.

(3) VR$_1$ ツマミを回し，I_B = 10 μA にする.

(4) VR$_2$ ツマミを回し，電圧計 V_{CE} の指示を表 2 の値に合わせていき，そのつど I_C を読み取り記録する（**注意**：V_{CE} を増やしていくと，I_B が少し変わる．I_B = 一定の条件を保つために，VR$_1$ により再度 I_B = 10 μA にしてから I_C を読む）.

(5) 同様にして，I_B = 50 μA, 90 μA の場合について測定する.

(6) 結果を図 8 のように表す.

表 2 V_{CE}-I_{C} 特性

V_{CE} [V]	I_{C} [mA]		
	$I_{\mathrm{B}} = 10\ \mu\mathrm{A}$	$I_{\mathrm{B}} = 50\ \mu\mathrm{A}$	$I_{\mathrm{B}} = 90\ \mu\mathrm{A}$
0			
0.1			
0.2			
0.4			
0.6			
0.8			
1.0			
3.0			
・	この間 2 V おきに測定		
・			
・			
9.0			

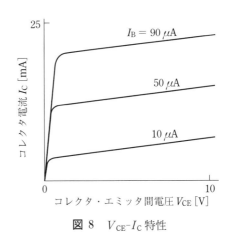

図 8 V_{CE}-I_{C} 特性

以上が終われば，μA 計と mA 計のみ回路盤から取り外す．

7．トランジスタによる交流信号の増幅

　トランジスタには，I_{B} のわずかな変化に対して I_{C} が大きく変わるという性質があることを知った．以下では，この性質を利用した低周波の交流信号の増幅器（例：マイクロホンによる音声信号の増幅）のうち最も簡単なもの（図 9）について学ぶ．

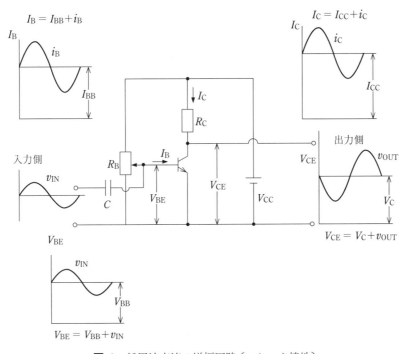

図 9 低周波交流の増幅回路（エミッタ接地）

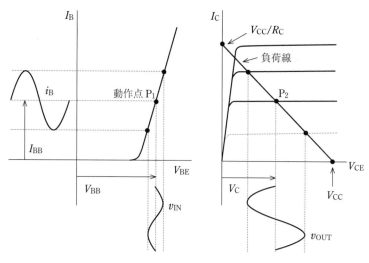

図 10 交流信号の増幅

　図 9 において，R_B をベースバイアス抵抗という．R_C をコレクタ抵抗といい，これによる電圧降下を利用して電圧出力を得る．コンデンサ C は直流は通さず交流のみを通すためのもので，（交流）結合コンデンサという．まず R_B および直流電源の出力電圧 V_{CC} を加減して，あらかじめトランジスタの B-E 間に一定の直流電圧 V_{BB} を，また C-E 間にも一定の直流電圧 V_C をかけておく．V_{BB} や V_C をバイアス電圧といい，これらが適当な値でないと出力信号の波形が歪む（正弦波でなくなる）．次に，入力側からコンデンサ C を通して B-E 間に交流の入力信号電圧 v_{IN} を与える．すると B-E 間の電圧 V_{BE} は V_{BB} を中心として変動する．V_{BE} が変動するとベース電流 I_B も変動する．I_B が変動するとコレクタ電流 I_C が大きく変動し，したがって，C-E の電圧 V_{CE}（$= V_{CC} - R_C I_C = V_{CC} - R_C I_{CC} - R_C i_C = V_C - R_C i_C$）も V_C を中心として大きく変動する．V_{CE} のこの変動交流成分（$= -R_C i_C$）が出力信号電圧 v_{OUT} である．

　以上の増幅の様子を，特性図上で描けば図 10 のようになる．$V_{CE} = V_{CC} - R_C I_C$ で与えられる直線を負荷線という．点 P_1, P_2 を動作点という．各部の電圧，電流はこれらの点を中心にして変化する．この図からもわかるように，エミッタ接地の増幅回路では，入力信号と出力信号の位相は 180° 異なる（位相が反転する）．

8. 増幅作用の実験

　図 9 の回路について，オシロスコープで入・出力信号電圧の波形を観測し，実際に増幅が行われることを確かめる．

(1) 図 11 のように，回路盤に発振器（⊝），コレクタ低抵（R_C），オシロスコープを接続し，また端子 E, F 間をリード線で直接結ぶ．

(2) オシロスコープの使用条件を以下のように選ぶ．

　　　　チャンネル 1（CH 1）の VOLTS/DIV‥‥‥‥10 mV

　　　　チャンネル 2（CH 2）の VOLTS/DIV‥‥‥‥0.5 V

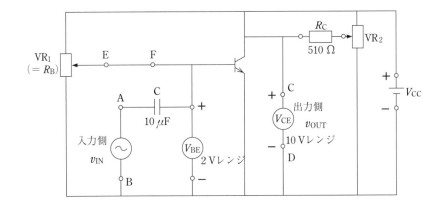

$$
\begin{array}{l}
\text{オシロ} \\
\text{スコープ}
\end{array}
\left\{
\begin{array}{l}
\text{CH1プローブ} \\
\quad \text{入力信号側：端子A, アース側：端子B, 倍率スイッチ：×1} \\
\text{CH2プローブ} \\
\quad \text{入力信号側：端子C, アース側：端子D, 倍率スイッチ：×1}
\end{array}
\right.
$$

図 11 波形観測

AC–GND–DC ···································· CH 1, 2 とも AC

SWEEP TIME/DIV ···························· 0.2 ms

CH 2 INVERT ································· OFF

VERT MODE ································· CH 1

(3) VR_2 のツマミを**時計方向**に回しきる．

(4) 直流電源の出力電圧 V_{CC} を 10 V にする．

(5) $VR_1 (= R_B)$ のツマミを回して電圧計 V_{CE} の指示を約 4 V に合わせる．

(6) 発振器の AMPLITUDE のツマミを**反時計方向**に回しきってから，その電源スイッチを入れる．出力波形を正弦波に，周波数を 1 kHz にする．

(7) ATTENUATOR ツマミを -30 dB に合わす．次に，AMPLITUDE ツマミを回し，ブラウン管上で入力信号 v_{IN} の振幅が約 10 mV になるようにする．

(8) VERT MODE を CHOP (v_{IN} と v_{OUT} の同時観測) にする．

(9) VR_1 のツマミを左右に回し，ブラウン管上で出力信号 v_{OUT} の波形が最も**正弦波に近くなる**

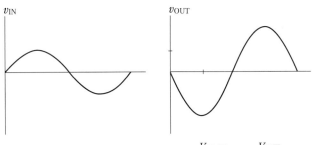

$V_{BB} =$ ，$V_C =$

図 12 入・出力信号波形

場合を捜し，そのときの入・出力信号の各波形をできるだけ正確にグラフ用紙に写す（図 12 参照）．電圧計 V_{BE} の読み（$= V_{BB}$）と V_{CE} の読み（$= V_C$），および v_{IN} と v_{OUT} の振幅の各波形の振幅の値も記録しておく．

9．課 題 と 検 討

（1） 次の各値を求めよ．

（a） I_B-I_C 特性の測定結果より，$I_B = 50\ \mu A$ の場合の

直流電流増幅率 $h_{FE} = \dfrac{I_C}{I_B}$

（b） 増幅作用の実験結果から，

電圧増幅率 $A_V = \dfrac{V_{OUT}\ \text{の尖頭値}}{V_{IN}\ \text{の尖頭値}}$

（2） 図 9 の増幅回路において，バイアス電圧の値が不適当であると出力信号の波形が歪む（正弦波でなくなる）．このような歪はなぜ生じるか．図 10 などを参考にして答えよ．

3-4 インピーダンスと直列共振回路

1. 目　的

　基本的な交流回路の定常状態における電流特性を測定し，さらに，抵抗，コイル，コンデンサーでつくられる直列共振回路の特性を測定することによってインピーダンスについての理解を深める．

2. 理　論

　図1のように，抵抗，コイル，コンデンサーを交流電源に直列に接続した回路のインピーダンス（交流抵抗）について考える．抵抗を R，コイルのインダクタンスを L，コンデンサーの電気容量を C とする．また，交流電源の電圧は次式で与えられる．

$$v = V_0 \sin \omega t \tag{1}$$

ここで，V_0 は電圧振幅，$\omega = 2\pi f$（f は周波数）は角周波数である．交流回路の電流 i の位相は，一般的に電源電圧 v の位相と同相ではない．そこで，図1の RLC 直列回路の i と v とは ϕ だけの位相差があると仮定して，i を次式のように表す．

$$i = I_0 \sin (\omega t - \phi) \tag{2}$$

ここで，I_0 は電流振幅であり，ϕ は**遅れの角**と呼ばれる．v および i の時間変化は図2に示される．ある時刻 t における図1の回路素子の両端の電位差 v_R, v_L, V_C は (3), (4), (6) 式となる．

$$v_R = Ri = RI_0 \sin (\omega t - \phi) \tag{3}$$

$$v_L = L \frac{\mathrm{d}i}{\mathrm{d}t} = X_L I_0 \cos (\omega t - \phi) \tag{4}$$

ここで，

$$X_L = \omega L = 2\pi f L \tag{5}$$

は，**誘導リアクタンス**と呼ばれる（付記参照）．コンデンサーに蓄えられる電荷を q とすれば

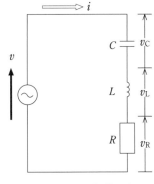

図 1　RLC 直列回路

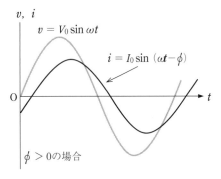

図 2　電圧・電流波形

$$v_C = \frac{q}{C} = \frac{1}{C} \int i \, dt = -X_C I_0 \cos(\omega t - \phi) \tag{6}$$

ここで,

$$X_C = \frac{1}{\omega C} = \frac{1}{2\pi f C} \tag{7}$$

は**容量リアクタンス**と呼ばれる（付記参照）．これらの電位差と電源電圧 v との関係は，図1よりわかるように，

$$v = v_R + v_L + v_C \tag{8}$$

の関係にある．(3),(4),(6)式を(8)式に代入すると

$$v = \sqrt{R^2 + (X_L - X_C)^2}\, I_0 \sin(\omega t - \phi + \theta) \tag{9}$$

ここで，θ は次式から求められる．

$$\tan\theta = \frac{X_L - X_C}{R} \tag{10}$$

(9)式の右辺の $\sin(\omega t - \phi + \theta)$ の位相は(1)式の $\sin(\omega t)$ の位相に等しいはずであるから，

$$\theta = \phi \tag{11}$$

となる．したがって，(9)式は次式となる．

$$v = V_0 \sin(\omega t) = \sqrt{R^2 + (X_L - X_C)^2}\, I_0 \sin\omega t \tag{12}$$

他方，交流回路において，一般に呼称されている電圧値，電流値は次式(13)で定義される交流の実効値 V, I である．これに対して，前述の時間的に変化する v, i などは瞬時値と呼ばれる．

$$V = \sqrt{\frac{1}{T} \int_0^T v^2 \, dt} = \frac{V_0}{\sqrt{2}}$$
$$I = \sqrt{\frac{1}{T} \int_0^T i^2 \, dt} = \frac{I_0}{\sqrt{2}} \tag{13}$$

ここで，T は正弦波の周期である．(12)式を実効値を用いて書き換えると，

$$V = \sqrt{R^2 + (X_L - X_C)^2}\, I$$

いま，

$$Z = \sqrt{R^2 + (X_L - X_C)^2} = \sqrt{R^2 + \left(\omega L - \frac{1}{\omega C}\right)^2} \tag{14}$$

とおけば，

$$I = \frac{V}{Z} \tag{15}$$

また，(2)式における遅れの角 ϕ は，(10),(11)式より

$$\tan\phi = \frac{X_L - X_C}{R} = \frac{\omega L - \dfrac{1}{\omega C}}{R} \tag{16}$$

となり，$R > 0$ であるので ϕ の符号は，

$$\omega L \gtreqless \frac{1}{\omega C} \quad \text{のとき} \quad \phi \gtreqless 0 \quad \text{（複号同順）} \tag{17}$$

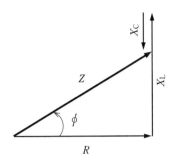

図 3 インピーダンスのベクトル表示

となる. (14)式で定義された Z を **RLC 直列回路のインピーダンス**という. Z, R, X_L, X_C は (14)式の関係を満足するので, 図3のようなベクトル量として表示することもできる. また, (15)式を交流回路におけるオームの法則とみれば, Z は, 交流回路における電気抵抗に相当するので**交流抵抗**とも呼ばれる. 実用単位はオーム (Ω) である. また, (14),(15),(16)式は, 図1の回路の微分方程式を解くことによっても導くことができる (付記参照).

RL 直列回路のインピーダンス Z と遅れの角 ϕ は, (8)式の v_C を 0, したがって(6),(7)式から $X_C = \dfrac{1}{\omega C} = 0$ と考えることによって, 次式で表される.

$$Z = \sqrt{R^2 + X_L{}^2} = \sqrt{R^2 + (\omega L)^2} \tag{18}$$

$$\phi = \tan^{-1}\left(\frac{\omega L}{R}\right) \tag{19}$$

同様に, RC 直列回路のインピーダンス Z と遅れの角 ϕ は, (8)式の v_L を 0, したがって, (4),(5)式から $X_L = \omega L = 0$ と考えることによって, 次式で表される.

$$Z = \sqrt{R^2 + X_C{}^2} = \sqrt{R^2 + \left(\frac{1}{\omega C}\right)^2} \tag{20}$$

$$\phi = \tan^{-1}\left(-\frac{1}{\omega RC}\right) \tag{21}$$

再び, 図1の RLC 直列回路について考える. 交流電源の電圧 V を一定値とし, 角周波数 ω のみを 0 から無限大まで変化させると, 図4に示すように角周波数 ω が,

$$\omega = \omega_0 = \frac{1}{\sqrt{LC}} \tag{22}$$

のとき, すなわち, 周波数 f が

$$f = f_0 = \frac{1}{2\pi\sqrt{LC}} \tag{23}$$

のときにリアクタンス $X\left(= \omega L - \dfrac{1}{\omega C}\right)$ は 0 となり, インピーダンス Z は抵抗 R だけとなる. このとき, インピーダンス Z は最小になり (図5参照), 逆に, 電流 I は最大となる (この最大値を $I_{\max}$ とおく, 図6参照). この周波数 f_0 を共振周波数といい, この現象を共振という. また, 周波数 f と電流 I との関係のグラフを共振曲線という. 共振時には, 電流は電源電圧と同相 ($\phi =$

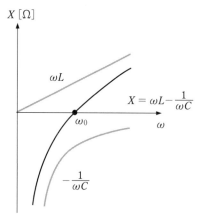

図 4 ω とリアクタンス X との関係

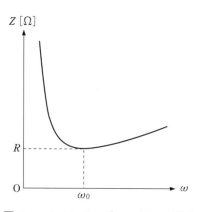

図 5 ω とインピーダンス Z との関係

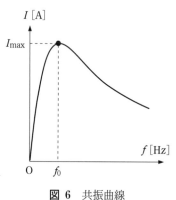

図 6 共振曲線

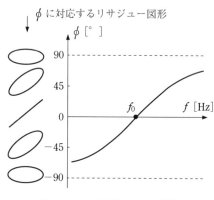

図 7 f と位相差 ϕ との関係

0)になる．図7に周波数 f と位相差 ϕ との関係を示す．

3. 装　置

　発振器，周波数カウンター，ディジタルマルチメーター（DMM），回路盤（図8のように，すでに各回路素子は直列に接続されている［注1参照］），短絡用リード線（1本），オシロスコープ

4. 実　験

［実験準備］

　回路盤に発振器などを接続する前に，次の準備を行う．

(1)　コイルの内部抵抗 r_L および抵抗 R の値を DMM（kΩ に設定）を用いて，数回測定して記録しておく．

(2)　発振器の使用波形は正弦波◯に，周波数レンジ切り替えは×10 に，出力減衰ツマミ（ATTENUATOR）は0 に，出力調整ツマミ（AMPLITUDE）は左に回しきった位置（出力 V_S ＝ 0）にする．電源スイッチが OFF の状態にあるとを確認する．

実験1 *RL* 直列回路のインピーダンス

(1)　回路盤（図8）のコンデンサー（*C*）の端子 A_1, A_2 間を短縮して *RL* 直列回路をつくる.

(2)　発振器 $\ominus$, 周波数カウンター（FC）を $S_1 S_2$ 間に図9のように接続する. 両機器のアース端子（黒色）はいずれも回路盤の端子 S_2 に接続する（なお, 今後の実験において $S_1 S_2$ 間は絶対に導線で短絡しないように注意すること）.

(3)　発振器の電源スイッチを ON にして, 発振器の出力電圧 V_S がほぼ 3.00 V になるように, DMM（ACV に設定）で測定しながら, 出力ツマミで調整する. 次に周波数カウンタのスイッチを入れる. パネルの表示値が変化しなくなったとき, 標準値が表示されるが, これが, 10 MHz であることを確認する. 次に check スイッチと time スイッチの 0.1 S とを押すと正確な周波数が 0.1 秒ごとに表示される.

(4)　発振器の周波数ダイヤルの値（f_{osc}）を 100 Hz にあわせる. このとき, 正確な周波数の値（f）は周波数カウンターで 1 Hz の桁まで記録すればよい（0.1 Hz の桁は四捨五入する）. この後で DMM を用いて V_S, V_R, V_L を測定して, たとえば表1のように記録する.

(5)　上記（4）と同様に V_S, V_R, V_L をほぼ 200 Hz おきに 900 Hz まで測定する（注2参照）.

(6)　上記の測定を終えた後, 発振器の出力電圧はゼロの状態に戻す. 電源スイッチは on の状態のままにしておく. 周波数カウンターも電源を入れたままにしておく.

(7)　以上の結果を用いて, 回路電流 *I*, 誘導リアクタンス X_L, インピーダンス *Z* を算出する.

(8)　表1の結果を参照して, 周波数 *f* と誘導リアクタンス X_L, インピーダンス *Z* との関係をグラフに表し（図10参照）, X_L–f の直線の勾配と（5）式の関係を用いて, **コイルのインダクタン**

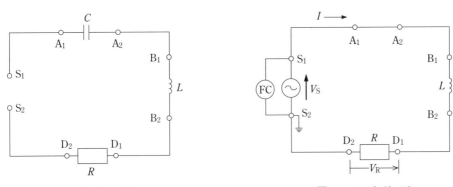

図8　回路盤の結線図	図9　*RL* 直列回路

表1　f, X_L, Z の関係

f_{osc}	f	V_S	V_R	$I\,(= V_R/R)$	V_L	$X_L\,(= V_L/I)$	$Z\,(= V_S/I)$
100 Hz	Hz	V	V	mA	V	kΩ	kΩ
300							
500							
700							
900							

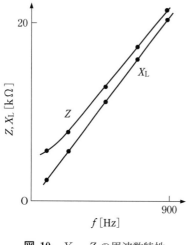

図 10 X_L, Z の周波数特性

図 11 実際のコイルの等価回路

　ス L **の値を求める.** (5)式において, 誘導リアクタンス X_L をオーム (Ω), 周波数 f をヘルツ (Hz) で表したとき, インダクタンス L の単位はヘンリー (H) である.

注1　コイルを含む回路図にコイルの内部抵抗 r_L は記入されていないが, 実際のコイルを等価回路で表すと図 11 に示すようにコイルと直列に内部抵抗 r_L が入る. 周波数 100 Hz 以上では回路のインピーダンスへの r_L の寄与は小さいとして省略した.

注2　この実験に用いているコイルはチョークコイルである. 一般に, 鉄心の入ったチョークコイルでは, コイル電流によってインダクタンスの値が変化する. しかし, この実験に使用のチョークコイルは特別な磁性材料を鉄心の代わりにしているので, 実験におけるコイル電流の変化ではインダクタンスはほとんど変化しない. それゆえ, コイル電流を一定に保つ必要はない.

実験2　RC 直列回路のインピーダンス

(1)　図 9 の回路において, コンデンサーの両端 A_1, A_2 を短絡していた導線を外して, コイルの両端 B_1, B_2 間を図 12 のように短絡すると, RC 直列回路が形成される.

(2)　実験 1 と同様な方法で各周波数における V_S, V_R, V_C を測定する.

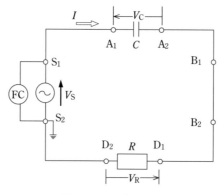

図 12　RC 直列回路

表2

f_{osc}	f	V_S	V_R	$I\,(=V_R/R)$	V_C	$X_C\,(=V_C/I)$	$1/X_C$	$Z\,(=V_S/I)$
100 Hz	Hz	V	V	mA	V	kΩ	kΩ^{-1}	kΩ
300								
500								
700								
900								

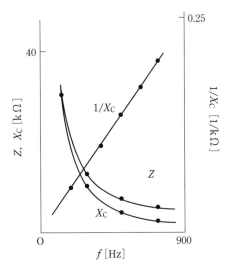

図 13　X_C, Z, $1/X_C$ の周波数依存性

(3)　以上の結果を，たとえば，表2のように記録する．

(4)　測定が終われば，装置は実験1の(6)項の状態にしておく．

(5)　表2の結果を参照して，周波数 f と容量リアクタンス X_C，インピーダンス Z との関係，および，f と $1/X_C$ との関係をグラフに表し（図13参照），後者の直線の勾配から**コンデンサーの電気容量 C を求める**．容量リアクタンス X_C をオーム（Ω），周波数をヘルツ（Hz）で表すとき，電気容量 C の単位はファラッド（F）である．

実験3　*RLC* 直列共振回路

(1)　前の実験で測定したコイルのインダクタンス L [H] とコンデンサーの電気容量 C [F] の値を用いて，(23)式より共振周波数 f_0 の値をあらかじめ算出しておく．

(2)　回路盤に発振器 ◯～，周波数カウンター（FC）を図14のように接続する．

(3)　発振器の出力調整ツマミ（AMPLITUDE）を左いっぱいにまわし，電源を入れる．発振器のATTENUATOR ツマミを 0 dB に合わせる．

　　周波数カウンターの電源を入れ，表示が変化しなくなるまで待つ．次に，周波数カウンターのCHECK スイッチを押し，さらに TIME BASE の 0.1 S スイッチを押す．

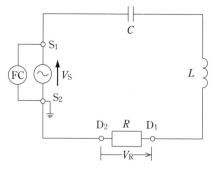

図 14 RLC 直列回路

(4) 発振器の周波数を 100 Hz〜700 Hz の範囲で変え，その電圧 V_S を測定中は 3.00 ± 0.03[V] に調整し，周波数 f，電圧 V_S, V_R の値を測定する（V_R は，抵抗 R の両端の電圧を表す）．測定する周波数は 25 点ぐらいとり，その変え方は，共振周波数の近くを細かくとり（5 Hz 程度），両端は粗くとる（50 Hz 程度）．周波数は，周波数カウンターを使って測定し，電圧は，DMM（切り替えスイッチは ACV に設定）を使って測定する．

　以上の結果を，表 3 のように整理する．

表 3

f [Hz]	V_S [V]	V_R [V]	$I\,(= V_R/R)$ [A]
100			
·			
·			
·			
700			

実験 4　リサジュー法による位相の測定

(1) 発振器の出力調整ツマミを左いっぱいに回す．リサジュー図形法を利用して，電源電圧と電流との位相差 ϕ を観察するために，図 15 のようにオシロスコープを結線する．オシロスコープの電源を入れる．

(2) 発振器の電圧 V_S を 1.0 V にする．発振器の周波数 f を共振周波数 f_0 の近くで変えながらブラウン管上のリサジュー図形を観察し，それが直線となるときの周波数 f_{OL}（このとき，電流は電源電圧 V と同相（$\phi = 0$）になっている）を求める．

　さらに，周波数 f を 100 Hz〜700 Hz の範囲で変化させ，リサジュー図形が図 7 のように変化することを確かめよ．

(3) 周波数カウンターの電源を切る．オシロスコープの電源を切る．発振器の出力調整ツマミを左いっぱいに回し，電源を切る．

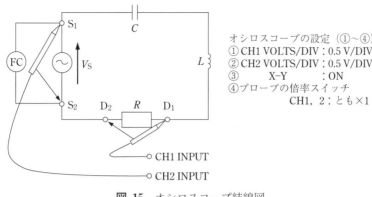

図 15 オシロスコープ結線図

オシロスコープの設定（①〜④）
① CH1 VOLTS/DIV : 0.5 V/DIV
② CH2 VOLTS/DIV : 0.5 V/DIV
③　　　X–Y　　　: ON
④プローブの倍率スイッチ
　　　　　CH1, 2 : とも×1

5．検　討

(1)　RL 回路のインピーダンスをコイルの内部抵抗 r_L を考慮した式

$z = \sqrt{(R+r_L)^2 + X_L^2}$ を用いて計算し，表1の実験結果 Z と比較せよ．

(2)　(15)と(20)式より，RC 回路では電源電圧 $V = \sqrt{V_R^2 + V_C^2}$ で表される．表2の V_R と V_C

を用いて V を計算して，V_S と比較せよ．

(3)　共振特性のグラフを描き，グラフから共振周波数 f_{OG} を求める．

(4)　次の3つの共振周波数を比較せよ．

f_0（理論値），f_{OG}（共振曲線から求めた値），f_{OL}（リサジュー図形から求めた値）

6．付　記

［Ⅰ］　インダクタンスのみの交流回路

図16(a)のように，コイル（インダクタンス L）を交流電源 v に接続する．回路の定常電流 i を

$$i = I_0 \sin \omega t \tag{24}$$

とするとき，コイルの両端の誘導起電力 $v_L{}'$ について，次式(25)が成り立つ．

$$v_L{}' = -L\frac{\mathrm{d}i}{\mathrm{d}t} = -\omega L I_0 \cos \omega t$$

$$v + v_L{}' = 0 \tag{25}$$

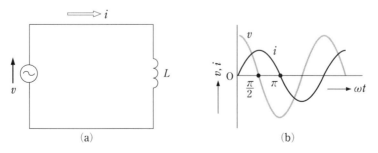

図 16　コイルのみを含む交流回路

(25) 式より v を求めると，

$$v = \omega L I_0 \sin\left(\omega t + \frac{\pi}{2}\right) \tag{26}$$

となり，i と v との時間変化は図 16 (b) に示される．(24) 式と (25) 式を比較すると v の位相は i の位相より 90° 進んでいる．このことは，電源電圧の位相を基準にとると，回路電流の位相はそれより 90° 遅れることを意味する．(26) 式を実効値を用いて書き改めると

$$V = \omega L I, \quad I = \frac{V}{X_\mathrm{L}}, \quad X_\mathrm{L} = 2\pi f L \tag{27}$$

(27) 式の V と I との関係をオームの法則と見れば，X_L はこの交流回路における電気抵抗に相当するので，誘導リアクタンスと呼ばれる（単位：Ω）．

なお，(27) 式より，X_L の値は周波数 f に比例することがわかる．

［Ⅱ］ コンデンサーのみの交流回路

図 17 (a) のように，コンデンサー（電気容量：C）を交流電源 v に接続する．電源電圧 v を

$$v = V_0 \sin \omega t \tag{28}$$

とすると，コンデンサーに蓄えられる電荷 q は，

$$q = Cv = CV_0 \sin \omega t \tag{29}$$

回路電流 i は，

$$i = \frac{\mathrm{d}q}{\mathrm{d}t} = \omega C V_0 \cos \omega t = \omega C V_0 \sin\left(\omega t + \frac{\pi}{2}\right) \tag{30}$$

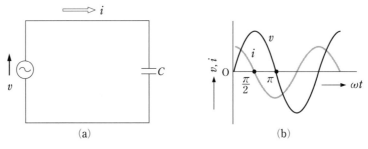

図 17 コンデンサーのみを含む交流回路

(28) 式の v と式 (30) の i の時間変化は図 17 (b) に示され，この回路では，電源電圧の位相を基準にして，回路電流の位相はそれより 90° 進むことがわかる．

(30) 式を実効値を用いて書き換えると，

$$I = \omega C V, \quad I = \frac{V}{X_\mathrm{C}}, \quad X_\mathrm{C} = \frac{1}{\omega C} \tag{31}$$

(31) 式の I と V との関係をオームの法則とみれば，X_C はこの交流回路における電気抵抗に相当するので，容量リアクタンスと呼ばれる（単位：Ω）．

なお，(31) 式より，X_C の値は周波数 f に反比例することがわかる．

［Ⅲ］ *RLC* 直列回路のインピーダンス *Z* の算出

図1のように抵抗 R，インダクタンス L，電気容量 C を直列に接続した回路に，交流電源

$$v = V_0 \sin \omega t \qquad (32)$$

を接続したとき，電流 i が流れたとすれば，

$$L\frac{\mathrm{d}i}{\mathrm{d}t} + Ri + \int i\,\mathrm{d}t = v \qquad (33)$$

なる方程式が成立する．(33) 式の両辺を t で微分すると，

$$L\frac{\mathrm{d}^2 i}{\mathrm{d}t^2} + R\frac{\mathrm{d}i}{\mathrm{d}t} + \frac{i}{C} = \omega V_0 \cos \omega t \qquad (34)$$

となる．

微分方程式 (34) の一般解 i は，(34) 式の右辺を 0 とおいた同次微分方程式の一般解に (34) 式の特解を加えた式である．しかし，同次微分方程式の解は，時間の経過とともに速やかに減衰して 0 になる性質をもつので，定常状態では特解だけが残る．

電圧 v が (32) 式で表される正弦波であるので，(34) 式の特解 i も同じ周波数の正弦波となる．したがって，電流 i を

$$i = I_0 \sin(\omega t - \phi) \qquad (35)$$

とおく（ϕ は，電圧と電流との位相差を表している）．(35) 式で表される電流 i が，(34) 式を常に満足するように I_0 と ϕ を求めることができれば，(34) 式の微分方程式が解けたことになる．(35) 式より，

$$\frac{\mathrm{d}i}{\mathrm{d}t} = \omega I_0 \cos(\omega t - \phi) \qquad (36)$$

$$\frac{\mathrm{d}^2 i}{\mathrm{d}t^2} = -\omega^2 I_0 \sin(\omega t - \phi) \qquad (37)$$

となる．(35)，(36)，(37) 式を (34) 式に代入し，整理すると，

$$-\left(\omega L - \frac{1}{\omega C}\right)\sin(\omega t - \phi) + R\cos(\omega t - \phi) = \frac{V_0}{I_0}\cos \omega t \qquad (38)$$

となる．ここで，

$$X = \omega L - \frac{1}{\omega C} \qquad (39)$$

とおくと，(35) 式は，

$$-X\sin(\omega t - \phi) + R\cos(\omega t - \phi) = \frac{V_0}{I_0}\cos \omega t \qquad (40)$$

となる．さらに，$\sin(\omega t - \phi)$，$\cos(\omega t - \phi)$ を展開すると，

$$(R\sin \phi - X\cos \phi)\sin \omega t + \left(R\cos \phi + X\sin \phi - \frac{V_0}{I_0}\right)\cos \omega t = 0 \qquad (41)$$

となる．任意の t について (41) 式が成り立つためには，

$$R\sin \phi - X\cos \phi = 0 \qquad (42)$$

$$R \cos \phi + X \sin \phi = \frac{V_0}{I_0} \tag{43}$$

が成立しなければならない．(42)式より，

$$\tan \phi = \frac{X}{R} \quad \left(\phi = \tan^{-1} \frac{X}{R} \right) \tag{44}$$

となる．(44)式より，

$$\cos \phi = \frac{R}{\sqrt{R^2 + X^2}} \quad \sin \phi = \frac{X}{\sqrt{R^2 + X^2}} \tag{45}$$

が成り立ち，(43)式に代入すると，

$$\sqrt{R^2 + X^2} = \frac{V_0}{I_0} \tag{46}$$

となる．いま，

$$Z = \sqrt{R^2 + X^2} = \sqrt{R^2 + \left(\omega L - \frac{1}{\omega C} \right)^2} \tag{47}$$

とすれば，(46)式より，

$$I_0 = \frac{V_0}{Z} \tag{48}$$

が成り立つ．さらに，実効値 $I \left(= \dfrac{I_0}{\sqrt{2}} \right)$, $V \left(= \dfrac{V_0}{\sqrt{2}} \right)$ を用いると，(48)式より，

$$I = \frac{V}{Z} \tag{49}$$

が成り立つ．

Z を RLC 直列回路のインピーダンス，X をリアクタンス，ωC を誘導リアクタンス，$\dfrac{1}{\omega C}$ を容量リアクタンスという．

3-5 過 渡 現 象

1. 目　　的
　コンデンサ，抵抗を含む回路の充放電特性を測定し，過渡現象の理解を深める．

2. 理　　論
　直流および交流の電気回路は，抵抗，コイル，コンデンサと電源により構成される．回路では R（抵抗），L（自己インダクタンス）および C（静電容量）の3定数と E（電圧）の構成を考えることになる．電気回路において，電圧を印加したのち十分時間がたつと，回路の各部の電流と電圧はそれぞれ一定かあるいは一定の周期的変化を示すようになる．この状態を**定常状態**とよぶ．この場合には，回路に組み込まれた3定数は不変であり，起電力が一定となっている．

　一方，コンデンサやコイルを含む回路に急激な変化（たとえば，電源スイッチの開閉など）を与えると，定常状態になるまでいくらか時間がかかる．これは，ある定常状態にある回路で，電圧あるいはこれらの回路定数が変化するとその定常状態がやぶれ，各部の電圧，電流が変化して別の定常状態に移るために起こる．すなわち，各部のエネルギー分布に変化が生じ，別のエネルギー状態が確立されたことを意味している．このエネルギーの変動には通常いくらかの時間を要する．このような電圧，電流および電荷が時間的に変化する状態を**過渡現象**という．

　以下では，抵抗，コイル，コンデンサにおける電位差または逆起電力とエネルギーについて考える．

　まず，図1のように電源と抵抗だけで構成された回路を構成する．ここでは，回路の自己誘導は考えないものとする．電源電圧 E [V] とし，抵抗 R [Ω] に電流 i [A] が流れたとすれば電位差 Ri [V] が発生する．すなわち，

$$E = Ri \tag{1}$$

　E または i が時間的に変化するとき，(1)式の関係を満たす定常状態はその変化と同時におこ

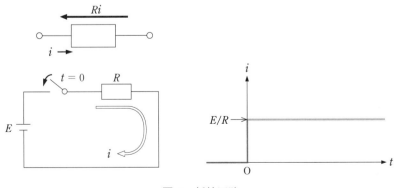

図 1　抵抗回路

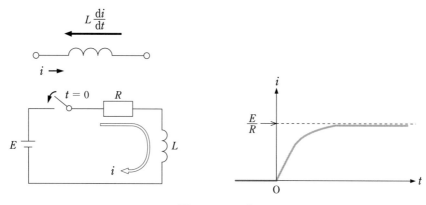

図 2 *RL* 回路

る．すなわち，過渡現象は起こらない．抵抗 R に供給されたエネルギー Ri^2 [J/s] はすべて熱エネルギーに変換されるのである．

次に，図2のように，コイルの自己インダクタンスを L [H] として，それに流れる電流 i が時間的に変化する場合を考える．電流の時間変化 $\dfrac{\mathrm{d}i}{\mathrm{d}t}$ に応じてコイルの端子間に生じる逆起電力の大きさは $L\dfrac{\mathrm{d}i}{\mathrm{d}t}$ [V] である．したがって，微小時間 $\mathrm{d}t$ [s] のあいだに電源から供給されるエネルギー $\mathrm{d}W$ [J] は

$$\mathrm{d}W = L\frac{\mathrm{d}i}{\mathrm{d}t}\,i\,\mathrm{d}t = Li\,\mathrm{d}i \tag{1}$$

であり，電流 I [A] が流れるまでに供給される全エネルギーは以下の積分で与えられる．

$$W = \int_0^i Li\,\mathrm{d}i = \frac{1}{2}Li^2 \tag{2}$$

いま，図2のように電源 E，抵抗 R および自己インダクタンス L の直列回路を考える．時間が十分にたった後には，電流は $I = \dfrac{E}{R}$ となるが，(2) 式のエネルギーはコイルに蓄積されるので，瞬時に電流は I にならずに過渡状態を経ることになる．

すなわち，回路に電流 i [A] が流れると，電源が電圧 E [V] により単位時間にする仕事（仕事率）は以下の式で与えられる．

$$L\frac{\mathrm{d}i}{\mathrm{d}t}\,i + Ri^2 = Ei \tag{3}$$

または，

$$\frac{\mathrm{d}}{\mathrm{d}t}\left(\frac{1}{2}Li^2\right) + Ri^2 = Ei \tag{4}$$

であって，右辺の電源電圧による仕事率 Ei [J/s] のうち，一部はジュール熱として消費され，残りはエネルギー $\dfrac{1}{2}Li^2$ [J] の増加に使われる．

次に，図3に示すように，コンデンサ C に電流が流れて，両電極間に電荷が $\pm q$ [C] が蓄えら

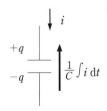

図 3 コンデンサ

れたとする．このとき，コンデンサの両端子間に現れる電位差は

$$\frac{q}{C} = \frac{1}{C} \int i \, dt \tag{5}$$

となる．したがって，微小時間 dt [s] の間にコンデンサに供給されるエネルギーはその電位差を e [V] として $ei \, dt$ [J] となり，供給される全エネルギーは

$$W = \int ei \, dt = \int e \frac{dq}{dt} \, dt = \int e \, dq = \int eC \, de = \frac{1}{2}Ce^2 \tag{6}$$

となる．このエネルギーは静電エネルギーとしてコンデンサに蓄えられる．

いま，図 4 のように電源 E，抵抗 R およびコンデンサ C の直列回路を考える．電圧 E [V] が印加されるとコンデンサにエネルギー $\frac{1}{2}CE^2$ [J] が蓄積し，最終的に電位差 E [V] が生じるまで，電流が流れる過渡状態となる．

以上のように，電気回路の過渡現象を扱う場合には微積分方程式を解くことになる．

本実験では，静電容量 C [F] のコンデンサと抵抗 R [Ω] を含む回路において，コンデンサへの電荷の充電に基づく過渡状態と，コンデンサの蓄積電荷が抵抗を通して放電する過渡状態を扱う．

2-1 充電過程

図 4 のように抵抗 R [Ω] とコンデンサ C [F] が直列に接続されている回路に，直流電圧 E を加え，コンデンサに電荷を充電させる場合の過渡現象を考えてみる．スイッチ S を閉じてから，時間 t [s] 経過した後の回路の電流を i [A]，そのときのコンデンサの電荷を q [C] とすれば，次の回路方程式が成り立つ．

$$R \frac{dq}{dt} + \frac{q}{C} = E \tag{7}$$

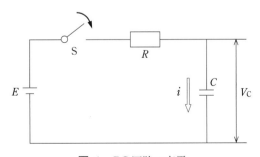

図 4 RC 回路の充電

この方程式を $t=0$ [s] のとき $q=0$ [C] の条件で解けば，

$$q = CE\left(1-\mathrm{e}^{\frac{-t}{CR}}\right) \tag{8}$$

となる．

（8）式より回路の電流 i [A] は，

$$i = \frac{\mathrm{d}q}{\mathrm{d}t} = \frac{E}{R}\mathrm{e}^{\frac{-t}{CR}} \tag{9}$$

で与えられる．また，コンデンサの電圧 V_C [V] は

$$V_\mathrm{C} = \frac{q}{C} = E\left(1-\mathrm{e}^{\frac{-t}{CR}}\right) \tag{10}$$

で与えられる．（9），（10）式において $\mathrm{e}^{\frac{-t}{CR}}$ の項は t が CR と等しい値になったとき e^{-1}（$=0.368$）になる．この時間を時定数といい，τ で表す．

$$\tau = CR \tag{11}$$

τ は過渡現象の遅速のめやすとなる．

図5（a）および（b）は，それぞれ i および V_C の t に対する変化を示したものである．図5（a）において $t=\tau$ のときの i は，（9）式より $t=0$ のときの値 E/R の 0.368 倍に減少する．また，図5（b）において $t=\tau$ のときの V_C は（10）式より $V_\mathrm{C} = E(1-\mathrm{e}^{-1}) = 0.632E$ になる．

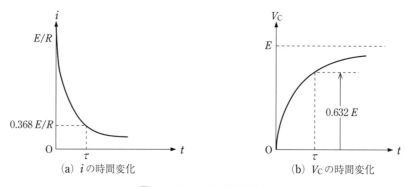

(a) i の時間変化   (b) V_C の時間変化

図5 RC 回路の充電特性

2-2 放電過程

図6の RC 回路において，コンデンサ C はあらかじめ電圧 E により充電されているものとする．この条件のもとに $t=0$ でSを閉じ，コンデンサの電荷を放電させる場合，回路の電流 i とコンデンサの電圧 V_C は **2-1** と同様にして次のように表される．

$$i = \frac{E}{R}\mathrm{e}^{\frac{-t}{CR}} \tag{12}$$

$$V_\mathrm{C} = E\mathrm{e}^{\frac{-t}{CR}} \tag{13}$$

これらの式より，放電過程においては i，V_C の大きさの時間に対する変化は，ともに図5（a）と同様に指数関数的に減少する．なお，i は図6に示すようにコンデンサの電荷が減少する方向，すな

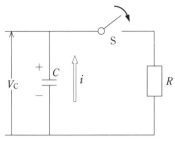

図 6 RC 回路の放電

わち充電の場合とは逆方向に流れる.

2-3 過渡波形

　図7(a)のRC回路に図7(b)に示す周期Tの方形波電圧V_{in}を印加したとき,コンデンサの電圧の変化を考えてみる.図7(b)の$t = t'$の時点では,V_{in}が負から正に変化し,コンデンサの充電が始まり$t' + \dfrac{T}{2}$までの時間,充電が続く.時刻$t = t' + \dfrac{T}{2}$に達するとV_{in}が正から負に変わり,負の充電すなわち放電が始まる.$t' + \dfrac{T}{2}$から$t' + T$までの時間,放電が続き,時刻$t' + T$で再度充電が始まる.以後,この充放電が繰り返されることになる.

　Cの電圧変化の模様は,回路の時定数τとTの大小関係により異なるが[注],$2\pi\tau = \dfrac{T}{2}$のときは図7(c)に示すように変化する.

　次にRの電圧V_Rは$V_R = V_{in} - V_C$であるため,図7(d)に示すように変化する.この波形V_Rを$\dfrac{1}{R}$倍すれば充放電電流$\left(i = \dfrac{V_R}{R} \right)$の変化の模様を表す.

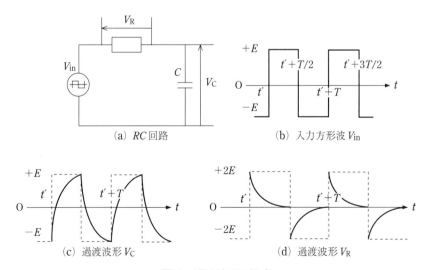

(a) RC 回路

(b) 入力方形波 V_{in}

(c) 過渡波形 V_C

(d) 過渡波形 V_R

図 7 過渡波形の観察

［注］ $2\pi\tau > \dfrac{T}{2}$ のときは，C が $+E$（または $-E$）まで充電されないうちに V_{in} が負（または正）に変化する．したがって，$\dfrac{T}{2}$ を τ に比べて小さくするほど V_{C} は三角波に近づく（V_{in} の積分波形）．なお，$\dfrac{T}{2}$ を τ に比べて大きくするに従って V_{R} は V_{in} の微分波形に近づく．

3．装　　置

　直流電源，直流電圧計，回路盤，ストップウオッチ，低周波発振器，オシロスコープ，電解コンデンサ（黒色円筒形，径約 8 cm），抵抗，マイラ・コンデンサ（【参考実験】過渡波形の観察のみに使用する）．

4．実 験 方 法

充放電特性の測定

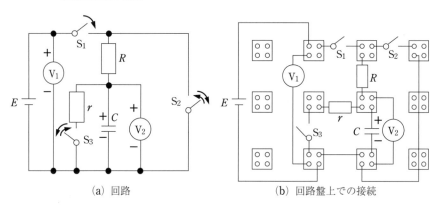

図 8　充電放電特性測定回路

　E：直流電源　　　V_1：直流電圧計　　　R：抵抗 100 kΩ

　V_2：直流電圧計　　r：抵抗 100 Ω

　C：電解コンデンサ　　S_1, S_2, S_3：スイッチ

準備

(1)　回路盤上に図 8 の回路を構成する．このとき，電解コンデンサ C（黒色円筒形，径約 8 cm）には極性があるので電源 E のプラス端が抵抗 R を通してコンデンサの＋極側に，電源のマイナス端がコンデンサの−極側に接続されていることに注意して接続する．また，V_1 には直流電圧計を用い，電源のマイナス側を電圧計の 10 V つまみに接続する．V_2 にも直流電圧計を使い，コンデンサのプラス側を直流電圧計の＋端子に，コンデンサのマイナス側を 10 V 端子に接続する．

(2)　充電特性の測定を行うには，あらかじめ電解コンデンサ C の残留電荷をなくしておくことが必要である．そのため，測定を始めるまでの間（約 1 分間以上）S_1, S_2 は OFF，S_3 を ON の状

態にしておく．このとき，C の両端の電圧はほぼゼロを示す．もし，途中で失敗し再実験を行うときには必ずこの操作をはじめに行う．

(3)　S_1 OFF，S_2 OFF，S_3 ON の状態にしておき，直流電源を ON にして直流電圧計 V_1 の指示値が 6 V になるように電源の電圧 E を設定する．**電圧設定後，直流電圧計 V_1 を取り外す．**

(4)　充電特性，放電特性の測定においては，実験をはじめてすぐに C の両端の電圧が急激に変化する．したがって，測定 1, 2 の項を測定開始前に読み，実験手順をよく把握し，表 1 に示すような表をあらかじめ作成しておくことなど，実験態勢をよく整えてから開始する．表 1 で V_C は V_2 の値を示す．

(5)　実験開始前に電源 E のプラス端が抵抗 R を通して電解コンデンサ C の＋極側に，電源 E のマイナス端が電解コンデンサの－側に接続されていることを再確認せよ．**プラスとマイナスが逆に接続されている場合には危険を伴うことがあるので特に注意して点検すること．**

測定 1　充電特性

S_1, S_2 が OFF になっていることを確かめてから S_3 を OFF，S_1 を ON にして充電特性の測定を始める．S_1 を ON にした瞬間の時刻を $t = 0$ とする．時刻が 30 秒変化するごとに V_2 の値を測定する（このとき，1 人が 30 秒ごとの時刻を読み，他の 1 人がそのときの電圧を測定すればよい）．なお，V_2 の値の測定は，時間の関数として電圧上昇が小さくなるまでとする（大体測定開始から 12 分〜15 分で飽和する）．ただし，次の放電過程の測定のため，V_2 の値が飽和してもスイッチはそのままの状態にしておく．

測定 2　放電特性

測定 1 の回路状態において V_2 の指示値が飽和していることを確かめた後，S_1 を OFF にし，電

表 1　充・放電特性

充電特性		放電特性	
t [s]	V_C [V]	t [s]	V_C [V]
0	0	0	・
30	・	30	・
60	・	60	・
90	・	90	・
・	・	・	・
・	・	・	・
・	・	・	・
・	・	・	・
・	・	・	・
・	・	・	0

源のツマミを回して電圧 E をゼロにしてから電源を切る．その後，以下の放電特性の測定を行う．

S$_2$ を ON にすると C の電圧 V_2 は時間の経過とともに下降する．時刻 t が 30 秒ごとの V_2 の値を測定する．測定時間は V_2 が十分に飽和するまでである（めやすは 12〜15 分である）．測定が終われば，S$_2$ を OFF（S$_1$ は OFF の状態のまま），S$_3$ を ON にし，1 分間程度放置して電解コンデンサの残留電荷を除く．

実験時間中に 5．測定結果の整理 (1)，(2) のグラフを作成する（グラフ用紙は実験準備室に用意されている）．

この実験を終えた後，時間に余裕がある場合には次の【参考実験】過渡波形の観察を行うこと．

5．測定結果の整理

(1) 充電特性（測定 1）および放電特性（測定 2）の測定結果を縦軸に V_C，横軸に t をとり，グラフ表示せよ．

(2) 充電特性および放電特性の各測定結果を片対数グラフを用いて表し，直線の勾配からそれぞれ時定数を求めよ．

【注】 充電特性を対数グラフで表すには次のようにする．

(10) 式の自然対数をとれば，次式

$$\log_e (E - V_C) = \log_e E - \frac{t}{CR}$$

が得られ，これを横軸に t，対数軸に $(E - V_C)$ をとった（実験では $E = 6\,\text{V}$ を用いているので $6 - V_C$ を対数軸にとる）片対数グラフで表せば勾配 $-\dfrac{1}{CR}$ の直線になる．したがって，この直線の勾配をグラフ上で読み取れば時定数を求めることができる．グラフからこの直線の勾配を求めるには，縦軸と横軸の長さをスケールで測って比をとるのではなく，直線上の適当な 2 点 $(t_n, v_n), (t_m, v_m)$ をとり

$$勾配 = \frac{\log_e V_n - \log_e V_m}{t_n - t_m}$$

として計算しなければならない．なお，放電特性の対数グラフ表示も，(13) 式の自然対数をとって得られる

$$\log_e V_C = \log_e E - \frac{t}{CR}$$

より，横軸に t，対数軸に V_C をとれば勾配 $-\dfrac{1}{CR}$ の直線になる．充電特性の場合と同様にして，この直線の勾配から時定数 CR を求めることができる．

(3) 前項 (2) において充電特性の片対数グラフから求めた時定数を τ_c，放電特性の片対数グラフから求めた時定数を τ_d とすれば一般的傾向として $\tau_c \geqq \tau_d$ となる．この理由について考えよ．

【注】 図 4 の回路には電源 E の内部抵抗 r_0 は記入されていないが，実際には r_0 が E と直列に入る．

【参考実験】 過渡波形の観察
準備

回路盤に $100\,\mathrm{k\Omega}$ の抵抗 R，$1\,\mathrm{nF}$（$=1\times10^{-9}\,\mathrm{F}$）のコンデンサ C（茶色のマイラコンデンサ），低周波発振器およびオシロスコープを図 9 のように接続する．そして低周波発振器の波形選択ボタン ⑤ を方形波，周波数を $1\,\mathrm{kHz}$（周波数ダイアル目盛 ⑨ を 10，周波数レンジ切り替えスイッチ ⑥ を 100 にセット）に，減衰器（attenuator）のダイアル ③ は 0 dB に，電圧調整ツマミ ⑦ を左の端（0 V）に設定する．オシロスコープは，CH 1，CH 2 ともに AC-GND-DC ボタンを GND の位置に，垂直軸感度は $50\,\mathrm{mV}$ に，水平軸感度は $0.2\,\mathrm{ms}$ にしておく．また，CH 1，CH 2 の input に接続した付属のプローブの小窓の倍率は ×10 にする（プローブを ×10 にして使用するときオシロスコープの波形は実際に加わる電圧の 1/10 を示す．**なお，実験終了後プローブの倍率スイッチを ×1 に直しておくこと**）．また，垂直偏向系動作ボタン（CH 1-CH 2-DUAL-ADD）は DUAL の位置にする．オシロスコープの取り扱いに不慣れなときは，本書の実験項目「ブラウン管オシロスコープ」を参照せよ．

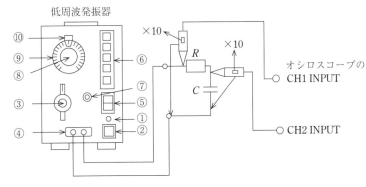

図 9 過渡波形の観察 1

測定

(1) 低周波発振器，オシロスコープの電源を入れ，オシロスコープの水平輝線を CH 1，CH 2 ともに垂直位置調整ツマミでブラウン管上の中心線に合わせる．また，水平位置調整ツマミ，水平軸感度および垂直軸感度ツマミの上についている赤色ツマミは各々右いっぱいにカチッと音がするまで回しておく．次に，CH 1 の AC-GND-DC スイッチを AC の位置にして発振器の電圧調整ツマミ ⑦ を図 10 のような振幅の方形波になるように調整する（このとき縦方向の 1 目盛はプローブの倍率を 10 にしているため（$50\,\mathrm{mV}\times10=500\,\mathrm{mV}$ である）．その状態で CH 2 の AC-GND-DC スイッチを AC の位置に変えるとブラウン管上に充放電波形が表れる．このときのブラウン管上の波形の概略図をノートに記録する．

(2) 発振器の周波数ダイアル ⑧ を回すことによって，方形波の周波数を $1\,\mathrm{kHz}$ から $10\,\mathrm{kHz}$ ま

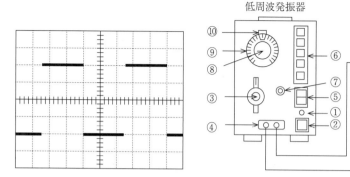

図 10　方形波（注）　　　　　　　　図 11　過渡波形の観察 2

で徐々に高くしていった場合の充放電波形の変化を観察する（記録する必要はない）．このとき，オシロスコープの水平軸感度は周波数に応じて読み取りやすい値に変えていく．そして，周波数 10 kHz の場合の入力方形波および出力充放電波形の概略を描いておく．

（3）　次にオシロスコープの電源，および電圧調整ツマミを左いっぱいに回した状態で発振器の電源を切る．そして，図 11 のように回路を接続しなおし，(1) と同様な操作をした後，発振器の周波数 1 kHz の図 10 のような振幅の方形波を回路に入力する．そのときの R 両端の電圧波形 V_R（回路の電流を i とすれば $V_R = Ri$ よりこの波形は回路の電流波形に比例する）を観測し，ブラウン管に表れた波形の概略図を描いておく．

（4）　発振器の周波数レンジ切り替えスイッチ ⑥ を 10 に，周波数ダイアル ⑧ を最初 100 に設定した後，周波数ダイアルを右に徐々に回して方形波の周波数を 1 kHz より 100 Hz まで下げていったときの R 両端の電圧 V_R の変化を観察する（記録は不要）．このとき，オシロスコープの水平軸感度は周波数に応じて読み取りやすい値に変えていく．そして，周波数 100 Hz のときのブラウン管上の波形の概略図をノートに記録する．

【注】　方形波が曲がっている場合にはプローブの調整が必要である．ドライバーで図 12 の位相調整用ネジを右または左に回して適正な波形にすること．

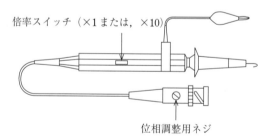

図 12　測定用プローブ

3-6 電磁力の測定

1. 目　的

　1820 年，デンマークの物理学者エルステッドは，針金に電流を流すと近くに置いた磁針が振れることを発見した．この発見により，電気と磁気とは密接な関係があることが明らかとなり，以後，アンペールやファラデーらにより，電流と磁場との重要な関係が次々と明らかにされた．今日，私たちは，この電流と磁場との関係を応用してつくり出された発電機やモーターを毎日使用している．

　ここでは，コイルに流れる電流がつくる磁場とその磁場中に置かれた電流に働く電磁力（アンペールの力）を測定することにより電流と磁気の基本的な関係を学ぶ．

2. 理　論

2.1　電流がつくる磁場

アンペールの法則

　電流が流れるとそのまわりに磁場がつくられる．電流と磁場の関係は次のように求める．電流のまわりの閉曲線を任意にとり，その微小部分 ds の接線方向の磁場 H [A/m] の成分を H_s とすると，閉曲線全体にとった $H_s ds$ の積分の値は，閉曲線を貫く電流の総和 I [A] に等しい．それを数式で表せば，(1) 式となる．

$$\oint H_s \, ds = I \quad [\text{A}] \tag{1}$$

したがって，無限に長い直線電流 I [A] から r [m] 離れた位置の磁場の強さは，その対称性から，$2\pi r H_s = I$ となり，

$$H_s = \frac{I}{2\pi r} \quad [\text{A/m}] \tag{2}$$

となる．磁場を磁束密度 B [T あるいは Wb/m^2] で表せば（**2.3　単位について**，を参照）

$$\boldsymbol{B} = \mu_0 \boldsymbol{H} \quad [\text{T}] \tag{3}$$

となる．ここで，μ_0 は真空の透磁率と呼ばれる定数である．

ソレノイド中の磁場

　本実験で用いる磁場は，ソレノイドに電流を流して発生させる．導線を密に巻いた十分に長い円筒状のコイルをソレノイドという．これに定常電流を流したとき，ソレノイド内部に軸に平行な磁場が発生する．磁場の向きは，「右ネジの法則」，すなわち，電流の向きに右ネジを回したときにネジの進む向きである．

　磁場の強さは，上に示したアンペールの法則を応用して求めることができる（考察問題）．ソレ

ノイドの端に近くない内部では一様となり，その磁場の強さ H [A/m] は，アンペールの法則により，ソレノイドを流れる電流 I [A] とソレノイドの 1 m あたりの導線の巻数 n_0 [1/m] に比例し，(4) 式で表される．

$$H = n_0 I \ [\text{A/m}] \tag{4}$$

磁場の強さを磁束密度 B [T] で表せば，

$$B = \mu_0 n_0 I \ [\text{T}] \tag{5}$$

となる．

2.2 電流が磁場から受ける力

磁場中に置かれた導線に電流が流れれば，導線は磁場から電磁力を受ける（図 1）．それは，導線中を流れる電流の担い手である電子が，磁場中で運動をすればローレンツ力を受けるからである．速度 v [m/s] で運動する電子 1 個に作用するローレンツ力 f [N] は，

$$f = -ev \times B \ [\text{N}] \tag{6}$$

となり，長さ L [m]，断面積 S [m²] の導線に流れる電子（密度 n [m⁻³]）に作用する力の総和は，

$$F = nLS f = -nLS \, ev \times B \ [\text{N}] \tag{7}$$

となる．ところで，導線を流れる電流 i [A] は，$-evnS$ と表せるので，導線 L [m] に働く力は，(8) 式で表せる．

$$F = Li \times B \ [\text{N}] \tag{8}$$

力の向きは，i にも B にも垂直な向きで，電磁力の大きさは

$$F = iB \, L \sin \theta \ [\text{N}] \tag{9}$$

となる．

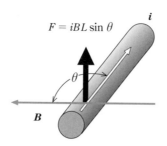

図 1 電磁力．磁束密度 B の磁場中に置かれた導線に電流 i が流れると，個々の電子に作用するローレンツ力の結果として電磁力 (9) 式が働く．

2.3 電磁気の単位について

現在広く用いられている国際単位系（SI）では，基本単位として，メートル（m），キログラム（kg），秒（s），アンペア（A）などを用いる（付録参照）．

基本単位である電流は次のように定義される．

平行に流れる定常電流 I, I' の間に作用する 1 m あたりの力 f は，(2)，(3) 式と (8) 式より，次式で表される．

$$f = \frac{\mu_0 II'}{2\pi r} \ [\mathrm{N/m}] \tag{10}$$

ここで，定数 μ_0（真空の透磁率）の大きさを

$$\mu_0 = 4\pi \times 10^{-7} \ [\mathrm{N/A^2}] \tag{11}$$

と定めることにより，電流の単位アンペア (A) が以下のように定義される．(10) 式で $I = I'$ とおき，μ_0 を代入すれば，

$$f = 2 \times 10^{-7} \frac{I^2}{r} \ [\mathrm{N/m}] \tag{12}$$

となり，同じ強さの電流を 1 m 隔てて平行に流したとき，電流の間に作用する力が 1 m あたり 2 $\times 10^{-7}$ N になる場合に，その電流の強さが 1 A と定義された．

　電流の単位が決まれば，そのほかの電気的な量の単位も，それに合わせて次々に決めることができる．たとえば，

電荷の単位　1 C：1 A の電流が 1 s 間に運ぶ電荷 [A・s]

電位の単位　1 V：1 C の電荷を運ぶのに要する仕事が 1 J になる電位差 [J/C ＝ W/A]

電場の強さ　　[V/m ＝ N/C]

電気抵抗　　　[Ω ＝ V/A]

静電容量　　　[F(ファラッド) ＝ C/V]

真空の誘電率 ε_0：光の速さ c [m/s] と関係し，$c^2 = \dfrac{1}{\mu_0 \varepsilon_0}$ より

$$\varepsilon_0 = \frac{1}{\mu_0 c^2} = \frac{10^7/4\pi}{c^2} \ [\mathrm{A^2/N}]/[\mathrm{m^2/s^2}]$$

$$= 8.854 \times 10^{-12} \ [((\mathrm{As})/((\mathrm{Nm})/(\mathrm{As})))/\mathrm{m}] = [(\mathrm{C}/(\mathrm{J/C}))/\mathrm{m}]$$

$$= [(\mathrm{C/V})/\mathrm{m}] = [\mathrm{F/m}]$$

クーロンの法則の比例定数 k を $\dfrac{1}{4\pi\varepsilon_0}$ とおくことにより，ほかの電磁気の関係式の多くで無理数 4π が式から消えるので，誘電率をこのように定義する単位系を MKSA 有理単位系という．

　磁気の単位はどうなるだろうか．

磁束密度：磁場に垂直に流れる 1 A の電流の 1 m あたりに作用する力が 1 N になるときの値が
　　　　　1 T (テスラー ＝ Wb/m^2)

　Wb の単位は，$F = IBL$ より $[\mathrm{Wb/m^2}] = [\mathrm{N/(Am)}]$ となり，$[\mathrm{Wb}] = [\mathrm{J/A}]$

磁場の強さ：アンペールの法則 $\left(H = \dfrac{I}{2\pi r} \right)$ より，H の単位は [A/m]．あるいは，$H = \dfrac{B}{\mu_0}$ より，$[\mathrm{Wb/m^2}]/[\mathrm{N/A^2}] = [\mathrm{A/m}]$

透磁率　μ [H/m]，ここで，H はヘンリーと読み，磁場 H と間違わないように．

磁　束　$\varPhi$ [Wb] $= LI$，L はインダクタンス

インダクタンス L [H] $=$ [Wb/A]

3．装置概要

- 空心ソレノイド

  ホルマール銅線　線径 1.2 mm，500 回巻き

  コイル平均巻径　50 mm，長さ　150 mm

- 電流天秤

  天秤板　フェノール樹脂板にプリント配線

  （磁界から力を受ける導線の長さ $= 0.026$ m）

  天秤支持具　L 型軸受けつきクリップ（2 個），リード線（4 本）

- リード線（空心ソレノイド）　4 本

- おもり用エナメル線（直径 0.2〜0.4 mm）　1 巻

  （本実験では，おもりとして方眼紙を切って使う予定）

- 電源（20 V，5 A）　2 台

- DMM　0〜5 A　2 台

- 物差し

- おもりの質量を測る電子天秤（感度　1 mg）

- 電卓

- はさみ，グラフ用紙

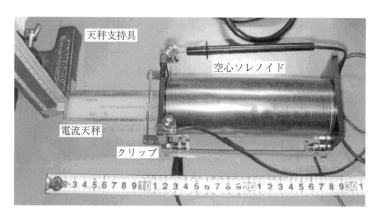

図 2　電磁力測定装置

4．実験　電磁力の測定

原理

　図 3 の U 字型のプリント配線した天秤板の AB 側をコイルの中に入れ，それぞれに電流を流すと，**2.2** 節で示したように，A-B 部分の導線は磁場から力を受ける [(9) 式で $\theta = 90$ 度，他の導

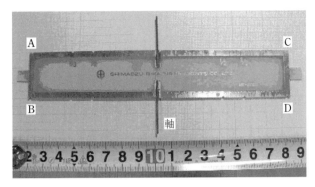

図 3 原理図．電流は軸を通って AB 部分を流れ，磁場の中では電磁力を受ける．電磁力につり合うおもりを CD などの切り込み部に置き，電磁力や磁場の大きさの電流依存性を調べる．

線部分は $\theta = 0$ 度で力を受けない]．その方向は，フレミングの左手の法則に従う．この力の大きさと C-D 部分に置いたおもりとバランスをとることにより電磁力の測定ができる．また，おもりを置く位置を変えることにより力のモーメントの関係から力の大きさを変化させることができる．

組み立て

(1) 図2のように空心ソレノイドの一端へ電流天秤支持用のクリップをはさみ，その上に天秤の軸がのるように，天秤板のプリント配線側をコイルの中に入れる（電流天秤の左右をよく観察せよ）．

(2) 天秤板が水平にならないときは，板の両端の突き出た部分をサンドペーパーなどで削ってバランスをとる（教員に申し出ること．勝手に削らないこと）．

(3) 天秤板の水平位置を物差しで確かめる．

　注意：軸に力を加えないこと．

実験

(1) 予備実験：まず，だいたいどの程度の質量のおもりが必要か計算する．コイルに $I = 4$ A，天秤板 AB 部分に $i = 1$ A 程度の電流を流したとき，コイル中心の磁束密度 B [(5)式] および導線に働く力 [(8)式] を求める．

（　　　）に数値，[　　]に単位を書き込め．

$$B = \mu_0 n_0 I \ [\text{T}] \tag{5}$$

$$\mu_0 = (\qquad\qquad) [\qquad]$$

$$n_0 = (\qquad\qquad) [\qquad]$$

$$I = (\qquad\qquad) [\qquad]$$

したがって，$B = (\qquad\qquad) [\qquad]$

$$\boldsymbol{F} = L\boldsymbol{i} \times \boldsymbol{B} \ [\text{N}] \tag{8}$$

$$L = (\qquad\qquad) [\text{m}]$$

$$i = (\qquad\qquad\qquad)\,[\text{A}]$$

したがって，$F = (\qquad\qquad\qquad)\,[\text{N}]$

支点から電流までの腕の長さが a とすると，力のモーメントは，$F{\times}a$ で，支点から b の位置に質量 m のおもりを置くと，$F{\times}a = mg{\times}b$ で天秤は水平でつり合う．ここで，g は重力加速度である．$a = b$ とすると，この場合

$$m = (\qquad\qquad\qquad)\,[\text{mg}]$$

となる．

(2) 電流天秤の水平確認（目線を天秤の端に合わせ，水平位置を記録する）．

(3) コイル，電流天秤の配線をする（図4）（電流天秤に触れないように注意すること．触れた場合は，電源を ON にする前に再調整を行う）．

(4) まず，コイルに 4 A の電流を流し，次に電流天秤に 1 A 程度の電流を流してみる．天秤板の端が水平位置から上がることを確かめる．電流の向き，磁場の方向，電磁力の方向を確認せよ（フレミングの左手の法則）．

(5) コイルに 4 A の定常電流を流しておいて，50 mg のおもりを天秤板の端の切り込み部の位置 CD（図3）に中央線を合わせてのせ，電流天秤の電流を調節して，天秤板が水平になるようにする．このときの電流天秤の電流 i，おもりの位置を記録する．おもりを順次内側に動かして位置と電流の関係をグラフに表せ（横軸には位置とそのおもりが CD の位置にある場合の等価な質量も目盛りなさい）．

表1 コイル電流 4 A　おもり 50 mg の場合

おもりの位置 （CD 位置基準）	電流 $i\,[\text{A}]$	等価質量 [mg]	電磁力 $F\,[\text{N}]$
1		50	
2/3			
1/2			
1		50	

問題：(9) 式を参照して，F/i の傾きと L より，コイル中心の磁束密度を計算せよ．

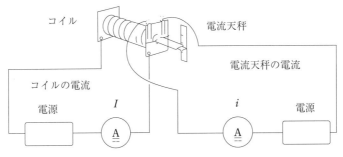

図 4 配線図

（以上，予備実験）

(6)　コイル電流 I を 5 A に設定し，おもりの量を下記表のように変えて，順次天秤板の CD 位置にのせ，先と同じ要領で測定します．このとき，電流 i が 5 A を超えないように注意する．おもりの質量と電流の大きさを表にまとめ，グラフに描く．直線性を確かめる．

表 2　コイル電流　5 A の場合

おもり [mg]	電流 i [A]
13	
25	
50	
75	
100	
125	
150	
175	

(7)　次に，コイルに流す定常電流 I を，4 A，3 A，2 A と変えて，実験 6 と同じ要領で求めよ（測定は 1 回でよい）．おもりと電流 i の関係を表にまとめグラフを描く．グラフは縦軸におもりの質量，横軸に電流 i をとる．各々の場合の磁束密度 B をグラフより求める．表 3 において ① $I = 5$ A は，(6) の実験データを用いるとよい．

表 3 コイル電流 I：①5 A（実験(6)の結果をグラフから読み取り記入する），②4 A, ③3 A, ④2 A

おもり [mg]	① $I = 5\,\mathrm{A}$ $i\,[\mathrm{A}]$	② $I = 4\,\mathrm{A}$ $i\,[\mathrm{A}]$	③ $I = 3\,\mathrm{A}$ $i\,[\mathrm{A}]$	④ $I = 2\,\mathrm{A}$ $i\,[\mathrm{A}]$
13				
25				
50				
75				
100				
125				
150				
175				
磁束密度 $B\,[\mathrm{mT}]$				

5．考　察

(1) 実験で用いるソレノイドの中心における磁束密度と電流の関係を計算せよ．

(2) ソレノイドコイルの磁束密度の理論値（無限に長い場合）アンペールの法則を用いて考察せよ．コイルの内部では一定であることを示せ．コイルの外では磁場はどうなるか．

(3) 軸上で中心と端での磁場の強さは 2：1 となることを説明せよ．

(4) 電流天秤をよく観察し，配線や切り口がどうなっているかを考察せよ．

(5) 実験(6)の結果を表にまとめグラフに描き，電磁力と電流 i の関係を考察せよ．

(6) 実験(7)の結果を表にまとめグラフに描き，コイルに流す電流 I と磁束密度 B の関係を考察せよ．コイル定数 B/I を求めよ．

(7) この実験において，理論値と実験結果との誤差の原因について考察せよ．

付　　録

単　　位

1組の基本単位と，それより物理学の法則，定義にもとづく乗除のみで導かれる組立単位とからできている単位系を，一貫した（コヒーレントな）単位系という．

国際単位系（SI）

1960年の国際度量衡総会は，あらゆる分野においてひろく世界的に使用される単位系として，MKSA単位系を拡張した国際単位系（Système International d'Unités）略称SIを採択した．日本の計量法もこれを基礎としている．

SIは，4種の基本量，すなわち長さ，質量，時間，電流に対してそれぞれ，メートル（m），キログラム（kg），秒（s），アンペア（A）を基本とし，これに温度の関連している分野で基本量である熱力学的温度の単位ケルビン（K），物質量を表す単位モル（mol），および測光の分野で基本量である光度の単位カンデラ（cd）を加えた7個を基本単位とし，平面角ラジアン（rad），立体角ステラジアン（sr）の2個を補助単位として構成されている単位系である．

注　CGS単位系は，3種の基本量，すなわち長さ，質量，時間に対しそれぞれ，センチメートル（cm = 10^{-2} m），グラム（g = 10^{-3} kg），秒（s）を基本単位とする単位系である（本付表では，MKSA，CGS両単位系を併用する）．

基本単位

SIの基本単位および補助単位の大きさは，次のように定義されている．

時間　秒（second, s）は，^{133}Cs原子の基底状態の2つの超微細準位（F = 4，M = 0 および F = 3，M = 0）の間の遷移に対応する放射の9192631770周期の継続時間である．

長さ　メートル（metre, m）は，光が真空中で1/(299792458) sの間に進む距離である．

質量　国際キログラム原器の質量をキログラム（kilogram, kg）とする．

電流　アンペア（ampere, A）は，真空中に1 mの間隔で平行に置かれた，無限に小さい円形断面積を有する，無限に長い2本の直線状導体のそれぞれを流れ，これらの導体の長さ1 mごとに2×10^{-7} Nの力を及ぼし合う一定の電流である．

温度　熱力学的温度の単位ケルビン（kelvin, K）は水の三重点の熱力学的温度の1/273.16である．温度間隔にも同じ単位を使う．

物質量　モル（mole, mol）は0.012 kgの^{12}Cに含まれる原子と等しい数（アボガドロ数）の構成要素を含む系の物質量である．モルを使用するときは，構成要素を指定しなければならない．構成要素は原子，分子，イオン，電子その他の粒子またはこの種の粒子の特定の系の集合体であってよ

い.

光度 カンデラ（candela, cd）は周波数 540×10^{12} Hz の単色放射を放出し所定の方向の放射強度が $1/683$ W·sr^{-1} である光源の，その方向における光度である．

補助単位

平面角 ラジアン（radian, rad）は円の周上で，その半径の長さに等しい長さの弧を切り取る 2 本の半径の間に含まれる平面角である．

立体角 ステラジアン（steradian, sr）は球の中心を頂点とし，その球の半径を 1 辺とする正方形に等しい面積を球の表面上で切り取る立体角である．

電気および磁気の単位

国際単位系（SI）

従来の MKSA 単位系に基づいたもので，4 つの基本単位 m, kg, s, A を用いる．

CGS 静電単位系（CGS-esu）

3 つの基本単位 cm, g, s を用い，真空の誘電率を値 1 の無次元の量とし，1 esu の電気量 ＝ 真空中で 1 cm の距離にある相等しい電気量の間に働く力が 1 ダインである時の各電気量，と定義する．

CGS 電磁単位系（CGS-emu）

真空の透磁率を値 1 の無次元の量とし，1 emu の磁極の強さ ＝ 真空中で 1 cm の距離にある相等しい強さの磁極の間に働く力が 1 ダインである時の各磁極の強さ，と定義する．

CGS ガウス単位系（CGS-Gauss 系）

CGS 対称単位系とも呼ばれ，真空の誘電率，透磁率を値 1 の無次元の量とし，電気的な量には esu を，磁気的な量には emu を用いるもので，電気的量と磁気的量を含む関係式には速度の次元をもつ比例定数として真空中の光速度が現れる．

電圧標準・抵抗標準

1988 年国際度量衡委員会の勧告にもとづき，1990 年以降，電圧標準と抵抗標準はそれぞれジョセフソン効果と量子ホール効果を用いて次のように実現される．ジョセフソン素子に周波数 f [GHz] の電磁波を照射したときにとりだされる量子化電圧 V は $V = nf/K_{\mathrm{J-90}}$ [V] の値をもつものとする．ここで n は整数，$K_{\mathrm{J-90}}$ はジョセフソン定数 K_{J} の 1990 年協定値で $K_{\mathrm{J-90}} = 483597.898$ GHz/V と定義される．高磁場・極低温下で半導体の示す量子化ホール抵抗 R_{H} は $R_{\mathrm{H}} = R_{\mathrm{K-90}}/i$

$[\Omega]$ の値をもつものとする。ここで i は整数，R_{K-90} はフォン・クリッツィング定数 R_K の 1990 年協定値で，$R_{K-90} = 25812.807\,\Omega$ と定義される。

SI 以外の単位

種々の分野で使われている SI 以外の単位を示す。

$\begin{cases} \text{太字} & \text{SI と併用される単位。} \\ * & \text{SI による値が実験的に得られるもので SI と併用。} \\ ** & \text{暫定的に用いられる単位。} \\ \dagger & \text{固有の名称をもつ CGS 単位。} \end{cases}$

長さ

フェルミ (fermi) = 1 fm = 10^{-15} m。

X 線単位 (X unit, X) = 近似的に 0.1002 pm。X 線の波長を表すのに用いる。

オングストローム** (ångström, Å) = 0.1 nm = 10^{-10} m。

ミクロン (micron, μ)，倍数 μ ($= 10^{-6}$) と混同するおそれがあるので使用しない。
　 $1\,\mu = 10^{-3}$ mm = 1 μm であるから μm を用いる。

天文単位* (astronomical unit, AU) = $1.49597870 \times 10^{11}$ m。1 AU ははじめ地球の公転軌道の平均距離（長半径）と定められたが，現在は重力定数と太陽質量の積をもとにしてケプラーの第 3 法則を用いて定義されている。地球の平均距離は 1.000000031 AU である。

パーセク* (parsec, pc) = 30857 Tm = 3.0857×10^{16} m = 1 天文単位が 1 秒の角を張る距離。

海里** (nautical mile (international)) = 1852 m。航海・航空に使用される。

面積

バーン** (barn, b) = 10^{-28} m^2 = 100 fm^2。核物理学において有効断面積を表すために使用される。

アール** (are, a) = 100 m^2。

ヘクタール** (hectare, ha) = 10^4 m^2 = 1 hm^2。

体積

リットル (litre, L) = 1 dm^3 = 10^{-3} m^3。1964 年までは 1 L = 1 atm で最大密度の温度における純粋な水 1 kg の体積 = 1000.028 cm^3 と定義されていた。

平面角

度 (degree, °) = 直角の 1/90 = $\pi/180$ rad。

1 rad = $57.29578°$ = $57°17'44''$。

分 (minute, ') = 1/60 度 = $\pi/10800$ rad。

秒 (second, '') = 1/60 分 = $\pi/648000$ rad。

質量

原子質量単位* (atomic mass unit, u) = $1.66053873 \times 10^{-27}$ kg = 核種 ^{12}C の 1 つの原子の質量

の 1/12.

トン (tonne, t) = 1000 kg.

時間

分 (minute, min) = 60 s.

時 (hour, h) = 60 min = 3600 s.

日 (day, d) = 24 h = 86400 s.

速度

ノット** (knot (international)) = 1 海里/時 = 1.852 km/h = 0.5144 m/s.

加速度

ガル** (gal, Gal) = 1 cm/s^2 = 10^{-2} m/s^2. 測地学および地球物理学において重力加速度を表すために使う単位.

重力の加速度は通常 g という文字で表す.

標準の g の値 = 9.80665 m/s^2 (定義, 1901 年国際度量衡総会).

緯度 45° の海面における g の値 (1980 年) = 9.80619920 m/s^2.

京都大学地質学鉱物学教室重力室 (国際基準点) における g の値 = 9.7970727 m/s^2.

東京大学理学部化学館地下原点室における g の値 = 9.7978872 m/s^2.

力

ダイン† (dyne, dyn) = 1 g・cm/s^2 = 10^{-5} N.

重力キログラム (kilogram-force, kgf) = 9.80665 N.

重力単位系:基本単位として質量の代わりに力を用いる単位系で,一定の質量に作用する標準重力加速度 (9.80665 m/s^2) による力を単位とし,主に工学に用いられる.

メートル系重力単位系では,力の単位は重力キログラム kgf である.

ドイツなどでは,重力キログラムをキロポンド (kilopond, kp) と呼ぶ.

圧力

バール** (bar, bar) = 10^6 dyn/cm^2 = 10^5 N/m^2 = 10^5 Pa.

トル (torr, torr) = 水銀柱ミリメートル (mmHg) = 133.322 Pa.

標準大気圧** (standard atmosphere, atm) = 760 mmHg (定義) = 101325 Pa.

重力キログラム毎平方センチメートル = 1 kgf/cm^2 = 1 kp/cm^2 = 98066.5 Pa.

仕事,エネルギー

エルグ† (erg, erg) = 1 dyn・cm = 10^{-7} J.

電子ボルト* (electron volt, eV) = 1.602176462×10^{-19} J = 真空中において 1 V の電位差を横ぎることによって電子の得る運動エネルギー.

熱量

熱量の単位は仕事あるいはエネルギーと同じ. 1948 年の国際度量衡会議で熱量の単位として従来用いられたカロリー (calorie, cal) はできるだけ使わぬこと. もし用いる場合には 1 カロリーに相当するジュールの値を付記することが決議された.

温度を指定しないカロリー（calorie, cal）= 4.18605 J（計量法）= 1/860 W・h.

温度を指定したカロリー（cal_t）は水 1 g の温度を $(t-0.5)$ ℃ から $(t+0.5)$ ℃ まで上げるのに要する熱量.

15 ℃ カロリー（cal_{15}）= 4.1855 J.

国際蒸気表カロリー（cal_{IT}）= 4.1868 J（1 g の水の温度を 0 ℃ から 100 ℃ まで上げるのに要する熱量の 1/100 と定義される平均カロリーに最も近い）.

熱化学カロリー（cal_{th}）= 4.184 J（定義）.

キロカロリー（キログラムカロリーまたは大カロリー）（kcal）= 1000 cal.

仕事率

仏馬力（horse-power, PS）= 75 m・kgf/s = 735.5 W

英馬力（horse-power, hp）= 550 ft・1 bf/s = 745.7 W

温度

セルシウス度（degree Celsius, ℃）= 1 K（温度間隔）.

$\quad t$ K = 273.15 + t ℃（定義）.

粘度

ポアズ†（poise, P）= 1 dyn・s/cm^2 = 0.1 Pa・s.

動粘度

ストークス†（stokes, St）= 1 cm^2/s = 10^{-4} m^2/s.

磁気

ガウス†（gauss, G）= 10^{-4} T（磁束密度の CGS-emu）.

エルステッド†（oersted, Oe）= $(1/4\pi)10^3$ A/m（磁場の強さの CGS-emu）.

マクスウェル†（maxwell, Mx）= 10^{-8} Wb（磁場の CGS-emu）.

ガンマ（gamma, γ）= 10^{-9} T.

光

スチルブ†（stilb, sb）= 1 cd/cm^2 = 10^4 cd/m^2（輝度の CGS）.

フォト†（photo, ph）= 10^4 lx（照度の CGS）.

放射能

キュリー†（curie, Ci）= 3.7×10^{10}/s = 3.7×10^{10} Bq = ラジウム 1 g あたりの放射能.

照射線量

レントゲン†（röntgen, R）= 1 kg の空気に照射して正および負それぞれ 2.58×10^{-4} C のイオンを作る照射線量.

吸収線量

ラド**（rad, rad）= 10^{-2} Gy = 0.01 J/kg.

線量当量

レム（rem）= 10^{-2} Sv

単位の換算表

量	SI 単位		CGS 単位	その他の単位
	名　称	記号と定義		
長さ	メートル	$1\,\mathrm{m}$	$= 10^2\,\mathrm{cm}$	$= 10^{10}\,\mathrm{\mathring{A}}$（オングストローム）
体積	立方メートル	$1\,\mathrm{m}^3$	$= 10^6\,\mathrm{cm}^3$（cc）	$= 10^3\,\mathrm{L}$（リットル）
質量	キログラム	$1\,\mathrm{kg}$	$= 10^3\,\mathrm{g}$	$= 10^{-3}\,\mathrm{t}$（トン）
力	ニュートン	$1\,\mathrm{N} = 1\,\mathrm{kg \cdot m/s^2}$	$= 10^5\,\mathrm{dyn}$（ダイン）	$= (98065)^{-1}\,\mathrm{kgwt}$（kgf）（キログラム重）
圧力，応力	パスカル	$1\,\mathrm{Pa} = 1\,\mathrm{N/m^2}$	$= 10\,\mathrm{dyn/cm^2}$	$= 10^{-5}\,\mathrm{bar}$（バール）$= (101325)^{-1}\,\mathrm{atm}$（気圧）$= (760/101325)\,\mathrm{mmHg}$
エネルギー仕事，熱量	ジュール	$1\,\mathrm{J} = 1\,\mathrm{N \cdot m}$	$= 10^7\,\mathrm{erg}$（エルグ）	$= (1.60218)^{-1} \times 10^{19}\,\mathrm{eV}$（電子ボルト）$= (4.18605)^{-1}\,\mathrm{cal}$（カロリー（計量法））
仕事率	ワット	$1\,\mathrm{W} = 1\,\mathrm{J/s}$		
温度	ケルビン	$1\,\mathrm{K}$		$-273.15\,^{\circ}\mathrm{C}$（セルシウス）
周波数	ヘルツ	$\mathrm{Hz} = 1/\mathrm{s}$		

	SI 単位（有理 MKSA）		CGS 静電単位*	CGS 電磁単位*
電流	アンペア	$1\,\mathrm{A}$	$= c \times 10^{-1}$**	$= 10^{-1}$
電荷	クーロン	$1\,\mathrm{C} = 1\,\mathrm{A \cdot s}$	$= c \times 10^{-1}$	$= 10^{-1}$
電位差，起電力	ボルト	$1\,\mathrm{V} = 1\,\mathrm{W/A}$	$= c^{-1} \times 10^8$	$= 10^8$
電束密度		$1\,\mathrm{C/m^2}$	$= 4\pi c \times 10^{-5}$	$= 4\pi \times 10^{-5}$
電場の強さ		$1\,\mathrm{V/m}$	$= c^{-1} \times 10^6$	$= 10^6$
電気抵抗	オーム	$1\,\Omega = 1\,\mathrm{V/A}$	$= c^{-2} \times 10^9$	$= 10^9$
コンダクタンス	ジーメンス	$1\,\mathrm{S} = 1/\Omega$	$= c^2 \times 10^{-9}$	$= 10^{-9}$
静電容量	ファラッド	$1\,\mathrm{F} = 1\,\mathrm{C/V}$	$= c^2 \times 10^{-9}$	$= 10^{-9}$
誘電率		$1\,\mathrm{F/m}$	$= 4\pi c^2 \times 10^{-11}$	$= 4\pi \times 10^{-11}$
磁束	ウェーバ	$1\,\mathrm{Wb} = 1\,\mathrm{V \cdot s}$	$= c^{-1} \times 10^8$	$= 10^8\,\mathrm{Mx}$（マクスウェル）
磁場の強さ		$1\,\mathrm{A/m}$	$= 4\pi c \times 10^{-3}$	$= 4\pi \times 10^{-3}\,\mathrm{Oe}$（エルステッド）
磁束密度	テスラ	$1\,\mathrm{T} = 1\,\mathrm{Wb/m^2}$	$= c^{-1} \times 10^4$	$= 10^4\,\mathrm{G}$（ガウス）
インダクタンス	ヘンリ	$1\,\mathrm{H} = 1\,\Omega \cdot \mathrm{s}$	$= c^{-2} \times 10^9$	$= 10^9$
透磁率		$1\,\mathrm{H/m}$	$= (4\pi c^2)^{-1} \times 10^7$	$= (4\pi)^{-1} \times 10^7$

* ガウス単位系は，電気的量は CGS 静電単位，磁気的量は CGS 電磁単位を用いる．

** $c = 2.99792458 \times 10^{10}\,\mathrm{cm \cdot s^{-1}}$

一 般 定 数

万有引力の定数	$G = 6.67259 \times 10^{-11}\,\text{N·m}^2\text{·kg}^{-2}$
重力の標準加速度	$g_\text{n} = 9.80665\,\text{m·s}^{-2}$
水の最大密度 (3.98 ℃, 1 気圧)	$d = 0.999972\,\text{g·cm}^{-3}$
水銀の密度 (0 ℃, 1 気圧)	$\rho = 13.59510\,\text{g·cm}^{-3}$
標準気圧 (760 mmHg)	$A_\text{n} = 1.013250 \times 10^5\,\text{N·m}^{-2}$
氷点の絶対温度	$T_0 = 273.15\,\text{K}$
1 モルの気体定数	$R = N_\text{A}k = 8.314472\,\text{J·mol}^{-1}\text{·K}^{-1}$
1 モルの完全気体の体積 (0 ℃, 1 気圧)	$V_0 = 2.2413996 \times 10^{-2}\,\text{m}^3\text{·mol}^{-1}$
1 モルの分子数 (Avogadro 数)	$N_\text{A} = 6.02214199 \times 10^{23}\,\text{mol}^{-1}$
標準状態 1 cm^3 中の気体分子数 (Loschmidt 数)	$n = 2.6868 \times 10^{19}\,\text{cm}^{-3}$
ボルツマン定数	$k = R/N_\text{A} = 1.3806503 \times 10^{-23}\,\text{J·K}^{-1}$
熱の仕事当量	$J = 4.18605\,\text{J·cal}^{-1}$
ファラデー定数	$F = N_\text{A}e = 9.64853415 \times 10^4\,\text{C·mol}^{-1}$
素電荷	$e = 1.602176462 \times 10^{-19}\,\text{C}$
	$= 4.8032076 \times 10^{-10}\,\text{e.s.u}$
電子の質量	$m_\text{e} = 9.10938188 \times 10^{-31}\,\text{kg}$
電子の比電荷	$e/m_\text{e} = 1.75881962 \times 10^{11}\,\text{C·kg}^{-1}$
陽子の質量	$m_\text{p} = 1.67262158 \times 10^{-27}\,\text{kg}$
真空中の光速度 (定義値)	$c = 2.99792458 \times 10^8\,\text{m·s}^{-1}$
リドベリ定数	$R_\text{H} = 1.0973731534 \times 10^7\,\text{m}^{-1}$
ボーア半径	$a_0 = 5.29177249 \times 10^{-11}\,\text{m}$
プランク定数	$h = 6.62606876 \times 10^{-34}\,\text{J·s}$

（主に CODATA 1998 年推奨値による）

元素の周期表

1 (1A)	2 (2A)	3 (3A)	4 (4A)	5 (5A)	6 (6A)	7 (7A)	8	9 (8)	10	11 (1B)	12 (2B)	13 (3B)	14 (4B)	15 (5B)	16 (6B)	17 (7B)	18 (0)
1 H 1.00794																	2 He 4.002602
3 Li 6.941	4 Be 9.012182											5 B 10.811	6 C 12.011	7 N 14.00674	8 O 15.9994	9 F 18.998032	10 Ne 20.1797
11 Na 22.989768	12 Mg 24.3050											13 Al 26.981539	14 Si 28.0855	15 P 30.973762	16 S 32.066	17 Cl 35.4527	18 Ar 39.948
19 K 39.0983	20 Ca 40.078	21 Sc 44.955910	22 Ti 47.88	23 V 50.9415	24 Cr 51.9961	25 Mn 54.93805	26 Fe 55.847	27 Co 58.93320	28 Ni 58.6934	29 Cu 63.546	30 Zn 65.39	31 Ga 69.723	32 Ge 72.61	33 As 74.92159	34 Se 78.96	35 Br 79.904	36 Kr 83.80
37 Rb 85.4678	38 Sr 87.62	39 Y 88.90585	40 Zr 91.224	41 Nb 92.90638	42 Mo 95.94	43 Tc [99]	44 Ru 101.07	45 Rh 102.90550	46 Pd 106.42	47 Ag 107.8682	48 Cd 112.411	49 In 114.818	50 Sn 118.710	51 Sb 121.757	52 Te 127.760	53 I 126.90447	54 Xe 131.29
55 Cs 132.90543	56 Ba 137.327	57~71 *	72 Hf 178.49	73 Ta 180.9479	74 W 183.84	75 Re 186.207	76 Os 190.23	77 Ir 192.22	78 Pt 195.08	79 Au 196.96654	80 Hg 200.59	81 Tl 204.3833	82 Pb 207.2	83 Bi 208.98037	84 Po [210]	85 At [210]	86 Rn [222]
87 Fr [223]	88 Ra [226]	89~103 **	104 Rf [261]	105 Db [262]	106 Sg [263]	107 Bh [264]	108 Hs [269]	109 Mt [268]	110 Ds [269]								

* ランタノイド元素

57 La 138.9055	58 Ce 140.115	59 Pr 140.90765	60 Nd 144.24	61 Pm [145]	62 Sm 150.36	63 Eu 151.965	64 Gd 157.25	65 Tb 158.92534	66 Dy 162.50	67 Ho 164.93032	68 Er 167.26	69 Tm 168.93421	70 Yb 173.04	71 Lu 174.967

** アクチノイド元素

89 Ac [227]	90 Th 232.0381	91 Pa 231.03588	92 U 238.0289	93 Np [237]	94 Pu [239]	95 Am [243]	96 Cm [247]	97 Bk [247]	98 Cf [252]	99 Es [252]	100 Fm [257]	101 Md [256]	102 No [259]	103 Lr [260]

金属元素 ／ 非金属元素 ／ 希ガス

イタリック体は遷移金属元素，記号の上の数字は原子番号，下の数字は原子量（1991年）をそれぞれ示す．
かっこ内の数字はその元素の放射性同位体のうち，最も長い半減期のものの質量数を示す．93番元素以上の元素はしばしば超ウラン元素とよばれる．
IUPAC無機化学命名法改訂版（1989年）による族番号は1～18，かっこ内に示したものは現行規則（1970年）の亜族方式による族番号表示である．
日本化学会では，1993年末まで移行措置として，1～18族表示と亜族表示を併記することとしている．

元素の密度 $(g \cdot cm^{-3})(20\,°C)$

元　素	記号	密度	元　素	記号	密度
亜鉛	Zn	7.14	タンタル	Ta	16.65
アルミニウム	Al	2.69	炭素（ダイヤモンド）	C	3.51
アンチモン	Sb	6.69	炭素（石墨）	C	2.25
硫黄	S	2.07	チタン	Ti	4.54
インジウム	In	7.31	鉄	Fe	7.87
ウラン	U	18.95	銅	Cu	8.96
カドミウム	Cd	8.65	トリウム	Th	11.72
カリウム	K	0.86	ナトリウム	Na	0.97
カルシウム	Ca	1.55	鉛	Pb	11.35
金	Au	19.32	ニッケル	Ni	8.90
銀	Ag	10.50	白金	Pt	21.45
クロム	Cr	7.20	バリウム	Ba	3.51
ゲルマニウム	Ge	5.32	ビスマス	Bi	9.75
コバルト	Co	8.9	ヒ素	As	5.73
臭素（液）	Br	3.12	ベリリウム	Be	1.85
シリコン	Si	2.33	ホウ素（無定形）	B	2.5
ジルコニウム	Zr	6.51	マグネシウム	Mg	1.74
水銀（液）	Hg	13.55	マンガン	Mn	7.44
スズ（白）	Sn	7.31	モリブデン	Mo	10.22
スズ（灰）	Sn	5.75	ヨウ素	I	4.93
ストロンチウム	Sr	2.54	リチウム	Li	0.53
セシウム	Cs	1.87	リン（黄）	P	1.82
セレン（灰）	Se	4.82	リン（赤）	P	2.20
セレン（赤）	Se	4.42	ルビジウム	Rb	1.53
タングステン	W	19.3	ロジウム	Rh	12.41

水の密度 $(\mathrm{g \cdot cm^{-3}})$

1 気圧のもとにおける水の密度は 3.98 ℃ において最大である.

温度 (℃)	0	1	2	3	4	5	6	7	8	9
	0.	0.	0.	0.	0.	0.	0.	0.	0.	0.
0	99984	99990	99994	99996	99997	99996	99994	99990	99985	99978
10	99970	99961	99949	99938	99924	99910	99894	99877	99860	99841
20	99820	99799	99777	99754	99730	99704	99678	99651	99623	99594
30	99565	99534	99503	99470	99437	99403	99368	99333	99297	99259
40	99222	99183	99144	99104	99063	99021	98979	98936	98893	98849
50	98804	98758	98712	98665	98618	98570	98521	98471	98422	98371
60	98320	98268	98216	98163	98110	98055	98001	97946	97890	97834
70	97777	97720	97662	97603	97544	97485	97425	97364	97303	97242
80	97180	97117	97054	96991	96927	96862	96797	96731	96665	96600
90	96532	96465	96397	96328	96259	96190	96120	96050	95979	95906

G. S. Kell, J. Chem. Eng. Data 20 (1975) による.

水銀の密度 $(\mathrm{g \cdot cm^{-3}})$

温度 (℃)	0	1	2	3	4	5	6	7	8	9
0	13.5951	.5926	.5902	.5877	.5852	.5828	.5803	.5778	.5754	.5729
10	13.5705	.5680	.5655	.5631	.5606	.5582	.5557	.5533	.5508	.5483
20	13.5459	.5434	.5410	.5385	.5361	.5336	.5312	.5287	.5263	.5238
30	13.5214	.5189	.5165	.5141	.5116	.5092	.5067	.5043	.5018	.4994
40	13.4970	.4945	.4921	.4896	.4872	.4848	.4823	.4799	.4774	.4750
50	13.4726	.4701	.4677	.4653	.4628	.4604	.4580	.4555	.4531	.4507
60	13.4483	.4458	.4434	.4410	.4385	.4361	.4337	.4313	.4288	.4264
70	13.4240	.4216	.4191	.4167	.4143	.4119	.4095	.4070	.4046	.4022
80	13.3998	.3974	.3949	.3925	.3901	.3877	.3853	.3829	.3804	.3780
90	13.3756	.3732	.3708	.3684	.3660	.3635	.3611	.3587	.3563	.3539

Brit. J. Appl. Phys. (1964) による.

重力加速度の実測値（m・s⁻²）

重力加速度の実測値 $(\mathrm{m \cdot s^{-2}})$

地　　　名	北緯 ϕ		高さ h	g
札　　幌	43°	4′	15 m	9.80478
弘　　前	40	35	50	9.80261
盛　　岡	39	42	153	9.80190
秋　　田	39	44	20	9.80176
仙　　台	38	15	140	9.80066
山　　形	38	15	170	9.80015
福　　島	37	45	68	9.80008
前　　橋	36	24	110	9.79830
東　　京	35	39	28	9.79763
千　　葉	35	38	21	9.79776
大　　島	34	46	192	9.79809
八丈島	33	6	80	9.79724
新　　潟	37	55	18	9.79973
富　　山	36	42	10	9.79867
金　　沢	36	34	60	9.79858
松　　本	36	15	611	9.79654
福　　井	36	3	10	9.79838
甲　　府	35	40	273	9.79706
岐　　阜	35	24	15	9.79746
名古屋	35	9	45	9.79733
静　　岡	34	58	10	9.79741
浜　　松	34	42	33	9.79735
京　　都	35	2	60	9.79708
大　　阪	34	41	33.1	9.79703
姫　　路	34	50	39	9.79730
奈　　良	34	42	105	9.79705
岡　　山	34	41	3	9.79712
広　　島	34	22	2	9.79659
山　　口	34	9	17	9.79659
高　　松	34	19	12	9.79699
松　　山	33	50	34	9.79595
高　　知	33	34	17	9.79625
福　　岡	33	36	31	9.79629
熊　　本	32	48	23	9.79552
長　　崎	32	43	25	9.79588
宮　　崎	31	55	7	9.79428
鹿児島	31	34	4	9.79472
那　　覇	26	14	15	9.79099
石垣島	24	20	5	9.79006

弾性定数 $(\mathrm{Pa} = \mathrm{N \cdot m^{-2}})$

物 質	ヤング率	剛性率	ポアソン比	体積弾性率
	$\times 10^{10}$	$\times 10^{10}$		$\times 10^{10}$
亜鉛	10.84	4.34	0.249	7.20
アルミニウム	7.03	2.61	0.345	7.55
インバール[1]	14.40	5.72	0.259	9.94
ガラス（クラウン）	7.13	2.92	0.22	4.12
ガラス（フリント）	8.01	3.15	0.27	5.76
金	7.80	2.70	0.44	21.70
銀	8.27	3.03	0.367	10.36
ゴム（弾性ゴム）	$(1.5-5.0) \times 10^{-4}$	$(5-15) \times 10^{-5}$	0.46−0.49	—
コンスタンタン	16.24	6.12	0.327	15.64
黄銅（真鍮）[2]	10.06	3.73	0.350	11.18
スズ	4.99	1.84	0.357	5.82
青銅（鋳）[3]	8.08	3.43	0.358	9.52
石英（溶融）	7.31	3.12	0.170	3.69
ジュラルミン	7.15	2.67	0.335	—
タングステンカーバイト	53.44	21.90	0.22	31.90
チタン	11.57	4.38	0.321	10.77
鉄（軟）	21.14	8.16	0.293	16.98
鉄（鋳）	15.23	6.00	0.27	10.95
鉄（鋼）	20.1−21.6	7.8−8.4	0.28−0.30	16.5−17.0
銅	12.98	4.83	0.343	13.78
ナイロン−6,6	0.12−0.29	—	—	—
鉛	1.61	0.559	0.44	4.58
ニッケル	19.9−22.0	7.6−8.4	0.30−0.31	17.7−18.8
白金	16.80	6.10	0.377	22.80
ポリエチレン	0.076	0.026	0.458	—
ポリスチレン	0.383	0.143	0.340	0.400
マンガニン[4]	12.4	4.65	0.329	12.1
木材（チーク）	1.3	—	—	—
洋銀[5]	13.25	4.97	0.333	13.20
リン青銅[6]	12.0	4.36	0.38	—

1) 36 Ni, 63.8 Fe, 0.2 C
2) 70 Cu, 30 Zn
3) 85.7 Cu, 7.2 Zn, 6.4 Sn
4) 84 Cu, 12 Mn, 4 Ni
5) 55 Cu, 18 Ni, 27 Zn
6) 92.5 Cu, 7 Sn, 0.5 P

主に, Kaye & Laby, 1986 による.

水の表面張力 $(\mathrm{dyn \cdot cm^{-1}})$

温度 $t\,°\mathrm{C}$ のときの表面張力の値 γ を以下に示す.

t	γ	t	γ	t	γ	t	γ	t	γ
-5	76.40	16	73.34	21	72.60	30	71.15	80	62.60
0	75.62	17	73.20	22	72.44	40	69.55	90	60.74
5	74.90	18	73.05	23	72.28	50	67.90	100	58.84
10	74.20	19	72.89	24	72.12	60	66.17		
15	73.48	20	72.75	25	71.96	70	64.41		

Landolt-Börnstein Tabellen (1956)

水の比熱 $(\mathrm{J \cdot g^{-1} \cdot K^{-1}})$

°C	0	1	2	3	4	5	6	7	8	9
0	4.2174	4.2138	4.2104	4.2074	4.2045	4.2019	4.1996	4.1974	4.1954	4.1936
10	4.1919	4.1904	4.1890	4.1877	4.1866	4.1855	4.1846	4.1837	4.1829	4.1822
20	4.1816	4.1810	4.1805	4.1801	4.1797	4.1793	4.1790	4.1787	4.1785	4.1783
30	4.1782	4.1781	4.1780	4.1780	4.1779	4.1779	4.1780	4.1780	4.1781	4.1782
40	4.1783	4.1784	4.1786	4.1788	4.1789	4.1792	4.1794	4.1796	4.1799	4.1801
50	4.1804	4.1807	4.1811	4.1814	4.1817	4.1821	4.1825	4.1829	4.1833	4.1837
60	4.1841	4.1846	4.1850	4.1855	4.1860	4.1865	4.1871	4.1876	4.1882	4.1887
70	4.1893	4.1899	4.1905	4.1912	4.1918	4.1925	4.1932	4.1939	4.1946	4.1954
80	4.1916	4.1969	4.1977	4.1985	4.1994	4.2002	4.2011	4.2020	4.2029	4.2039
90	4.2048	4.2058	4.2068	4.2078	4.2089	4.2100	4.2111	4.2122	4.2133	4.2145

Kaye & Laby, 1973, 1986 による.

種々の物質の比熱 $(\mathrm{J \cdot g^{-1} \cdot K^{-1}})$

物質（液体）	温度（°C）	比熱
アニリン	15	2.15
エチルアルコール	0	2.29
	40	2.71
海水	17	3.93
グリセリン	50	2.43
トルエン	18	1.67
ベンゼン	10	1.42
	40	1.77
メチルアルコール	12	2.52

種々の物質の比熱（$\mathrm{J \cdot g^{-1} \cdot K^{-1}}$）

物　　　　　質	比　　　　　　　熱					
	−196 ℃	−100 ℃	0 ℃	100 ℃	300 ℃	500 ℃
合　　金						
黄銅（真鍮）	0.20	0.34	0.387	0.390	0.448	—
コンスタンタン	0.175	—	約0.40	0.42	0.45	—
ステンレス鋼　18 Cr/8 Ni	—	—	—	0.519	0.555	0.611
18 Cr/12 Ni	0.197	0.401	0.47	—	—	—
24 Cr/20 Ni	0.195	0.393	0.463	—	—	—
炭素鋼	—	—	—	0.48	0.57	0.70
ハンダ	0.142	0.167	0.177	—	—	—
洋銀	—	—	0.398（0〜100 ℃ の平均値）			
固　　体						
石綿	約0.84（20〜100 ℃ の平均値）					
エボナイト	1.38（20〜100 ℃ の平均値）					
塩化ナトリウム	0.48	0.77	0.84	—	—	—
紙	1.17〜1.34（0〜100 ℃ の平均値）					
花こう岩	0.80〜0.84（20〜100 ℃ の平均値）					
ガラス（クラウン）	約0.67（10〜50 ℃ の平均値）					
（フリント）	約0.5（10〜50 ℃ の平均値）					
（パイレックス）	—	—	0.70	0.85	1.1	—
ゴム	1.1〜2.0（20〜100 ℃ の平均値）					
コンクリート	約0.84（室温）					
石英ガラス	—	—	0.70	0.83	1.02	1.11
ポリエチレン	0.54	1.04	約1.8	—	—	—
ポリスチレン	1.34（20 ℃）					

Kaye & Laby, 1973, 1986 による

光学ガラスと水の屈折率

		波　　　　　長 ［nm］						
		768.2	656.3	587.6	546.1	486.1	435.8	404.7
光学ガラス	FK 1	1.4660	1.4685	1.4707	1.4724	1.4755	1.4793	1.4823
	BK 7	1.5115	1.5143	1.5168	1.5187	1.5224	1.5267	1.5302
水			1.3311	1.3330	1.3345			1.3428

Jenaer Glas für die Optik による

熱電対の規準起電力

　温度測定に広く実用される熱電対の熱起電力を示す．規準接点を $0\,°\mathrm{C}$ に測温接点を $t\,°\mathrm{C}$ に保ったときの起電力を絶対単位の mV で表してある．

　白金―白金 13%・ロジウム熱電対は JIS，それ以外は International Electrotechnical Commission の推奨規格．NBS Monograph 125 による．

白金―白金・13% ロジウム熱電対（タイプ R）

$t\,°\mathrm{C}$	0	10	20	30	40	50	60	70	80	90
0	0.000	0.054	0.111	0.171	0.232	0.296	0.363	0.431	0.501	0.573
100	0.647	0.723	0.800	0.879	0.959	1.041	1.124	1.208	1.294	1.380
200	1.468	1.557	1.647	1.738	1.830	1.923	2.017	2.111	2.207	2.303
300	2.400	2.498	2.596	2.695	2.795	2.896	2.997	3.099	3.201	3.304
400	3.407	3.511	3.616	3.721	3.826	3.933	4.039	4.146	4.254	4.362
500	4.471	4.580	4.689	4.799	4.910	5.021	5.132	5.244	5.356	5.469
600	5.582	5.696	5.810	5.925	6.040	6.155	6.272	6.388	6.505	6.623
700	6.741	6.860	6.979	7.098	7.218	7.339	7.460	7.582	7.703	7.826
800	7.949	8.072	8.196	8.320	8.445	8.570	8.696	8.822	8.949	9.076
900	9.203	9.331	9.460	9.589	9.718	9.848	9.978	10.109	10.240	10.371
1000	10.503	10.636	10.768	10.902	11.035	11.170	11.304	11.439	11.574	11.710
1100	11.846	11.983	12.119	12.257	12.394	12.532	12.669	12.808	12.946	13.085
1200	13.224	13.363	13.502	13.642	13.782	13.922	14.062	14.202	14.343	14.483
1300	14.624	14.765	14.906	15.047	15.188	15.329	15.470	15.611	15.752	15.893
1400	16.035	16.176	16.317	16.458	16.599	16.741	16.882	17.022	17.163	17.304
1500	17.445	17.585	17.726	17.866	18.006	18.146	18.286	18.425	18.564	18.703
1600	18.842	18.981	19.119	19.257	19.395	19.533	19.670	19.807	19.944	20.080
1700	20.215	20.350	20.483	20.616	20.748	20.878	21.006			

銅―コンスタンタン熱電対（タイプ T）

$t\,°\mathrm{C}$	-0	-10	-20	-30	-40	-50	-60	-70	-80	-90
-200	-5.603	-5.753	-5.889	-6.007	-6.105	-6.181	-6.232	-6.258		
-100	-3.378	-3.656	-3.923	-4.177	-4.419	-4.648	-4.865	-5.069	-5.261	-5.439
$(-)0$	-0.00	-0.383	-0.757	-1.121	-1.475	-1.819	-2.152	-2.475	-2.788	-3.089

$t\,°\mathrm{C}$	0	10	20	30	40	50	60	70	80	90
$(+)0$	0.00	0.391	0.789	1.196	1.611	2.035	2.467	2.908	3.357	3.813
100	4.277	4.749	5.227	5.712	6.204	6.702	7.207	7.718	8.235	8.757
200	9.286	9.820	10.360	10.905	11.456	12.011	12.572	13.137	13.707	14.281
300	14.860	15.443	16.030	16.621	17.217	17.816	18.420	19.027	19.638	20.252
400	20.869									

クロメルーアルメル熱電対（タイプK）

$t\,{}^\circ\mathrm{C}$	0	−10	−20	−30	−40	−50	−60	−70	−80	−90
−200	−5.891	−6.035	−6.158	−6.262	−6.344	−6.404	−6.441	−4.458		
−100	−3.553	−3.852	−4.138	−4.410	−4.669	−4.912	−5.141	−5.354	−5.550	−5.730
0	0.00	−0.392	−0.777	−1.156	−1.527	−1.889	−2.243	−2.586	−2.920	−3.242

$t\,{}^\circ\mathrm{C}$	0	10	20	30	40	50	60	70	80	90
0	0.00	0.397	0.798	1.203	1.611	2.022	2.436	2.850	3.266	3.681
100	4.095	4.508	4.919	5.327	5.733	6.137	6.539	6.939	7.338	7.737
200	8.137	8.537	8.938	9.341	9.745	10.151	10.560	10.969	11.381	11.793
300	12.207	12.623	13.039	13.456	13.874	14.292	14.712	15.132	15.552	15.974
400	16.395	16.818	17.241	17.664	18.088	18.513	18.938	19.363	19.788	20.214
500	20.640	21.066	21.493	21.919	22.346	22.772	23.198	23.624	24.050	24.476
600	24.902	25.327	25.751	26.176	26.599	27.022	27.445	27.867	28.288	28.709
700	29.128	29.547	29.965	30.383	30.799	31.214	31.629	32.042	32.455	32.866
800	33.277	33.686	34.095	34.502	34.909	35.314	35.718	36.121	36.524	36.925
900	37.325	37.724	38.122	38.519	38.915	39.310	39.703	40.096	40.488	40.879
1000	41.269	41.657	42.045	42.432	42.817	43.202	43.585	43.968	44.349	44.729
1100	45.108	45.486	45.863	46.238	46.612	46.985	47.356	47.726	48.095	48.462
1200	48.828	49.192	49.555	49.916	50.276	50.633	50.990	51.344	51.697	52.049
1300	52.398	52.747	53.093	53.439	53.782	54.125	54.466	54.807		

抵抗のカラーコード表

①〜③の色	黒	茶	赤	橙	黄	緑	青	紫	灰	白
数字	0	1	2	3	4	5	6	7	8	9

④の色	金	銀	無
数字（％）	5	10	20

①は第1位の数字，②は第2位の数字，③はその後につける0の数，すなわち10のべき数，④は誤差範囲を示す．たとえば

$$\text{緑 黒 茶 銀} \rightarrow 50 \times 10^1 = 500\ \Omega\ (\pm 10\,\%)$$
$$\text{赤 緑 黄 金} \rightarrow 25 \times 10^4 = 250\ \mathrm{k}\Omega\ (\pm 5\,\%)$$

となる．

単位の 10^n 倍の接頭記号

倍数	記号	名称		倍数	記号	名称	
10	da	deca	デ カ	10^{-1}	d	deci	デ シ
10^2	h	hecto	ヘクト	10^{-2}	c	centi	センチ
10^3	k	kilo	キ ロ	10^{-3}	m	milli	ミ リ
10^6	M	mega	メ ガ	10^{-6}	μ	micro	マイクロ
10^9	G	giga	ギ ガ	10^{-9}	n	nano	ナ ノ
10^{12}	T	tera	テ ラ	10^{-12}	p	pico	ピ コ
10^{15}	P	peta	ペ タ	10^{-15}	f	femto	フェムト
10^{18}	E	exa	エクサ	10^{-18}	a	atto	ア ト

ギリシャ文字

大文字	小文字	読み方		大文字	小文字	読み方	
A	α	alpha	アルファ	N	ν	nu	ニュー
B	β	beta	ベータ	Ξ	ξ	xi	グザイ
Γ	γ	gamma	ガンマ	O	o	omicron	オミクロン
Δ	δ	delta	デルタ	Π	π	pai	パイ
E	ε	epsilon	イプシロン	P	ρ	rho	ロー
Z	ζ	zeta	ツェータ	Σ	σ	sigma	シグマ
H	η	eta	イータ	T	τ	tau	タウ
Θ	θ	theta	シータ	Υ	υ	upsilon	ウプシロン
I	ι	iota	イオタ	Φ	ϕ	phi	ファイ
K	$\varkappa$	kappa	カップ	X	χ	chi	カイ
Λ	λ	lambda	ラムダ	Ψ	ψ	psi	プサイ
M	μ	mu	ミュー	Ω	ω	omega	オメガ

実験番号： _____

実験題目： _____

班番号： _____　学籍番号： ⌞__⌟⌞__⌟⌞__⌟ ⌞__⌟⌞__⌟⌞__⌟ ⌞__⌟⌞__⌟⌞__⌟

氏　名： _____　学科名： _____

　　　　　　　　　　　　　　　学部名： _____

　　　共同実験者名： _____

　　　　　　　　　： _____

　　　　　　　　　： _____

実験実施日： _____　年　　　　月　　　　日

気象条件

　天候： _____　気温： _____　湿度： _____

報告書提出日： _____　年　　　　月　　　　日

実験第週	実験番号	実 験 題 目	出席検印	レポート検印
1	講義	講 義		
2				
3				
4				
5				
6				
7				
8				
9				
10				
11				
12				
13				
14				
15				

授業で出席検印を受ける前に実験番号，実験項目を必ず記載すること．

学 部 名＿＿＿＿＿＿＿＿＿＿＿　学科名＿＿＿＿＿＿＿＿＿＿＿

学籍番号＿＿＿＿＿＿＿＿＿＿＿　氏　名＿＿＿＿＿＿＿＿＿＿＿　班番号＿＿＿＿＿

物理学実験　第7版

2005 年 3 月 30 日	第 1 版	第 1 刷	発行
2006 年 3 月 30 日	第 2 版	第 1 刷	発行
2011 年 3 月 30 日	第 2 版	第 5 刷	発行
2012 年 3 月 30 日	第 3 版	第 1 刷	発行
2013 年 3 月 30 日	第 3 版	第 2 刷	発行
2014 年 3 月 30 日	第 4 版	第 1 刷	発行
2015 年 3 月 30 日	第 4 版	第 2 刷	発行
2016 年 3 月 30 日	第 5 版	第 1 刷	発行
2017 年 3 月 30 日	第 6 版	第 1 刷	発行
2020 年 3 月 30 日	第 6 版	第 4 刷	発行
2022 年 3 月 30 日	**第 7 版**	**第 1 刷**	**発行**
2023 年 3 月 30 日	**第 7 版**	**第 2 刷**	**発行**

編　　者　　公立大学法人
　　　　　　大阪公立大学国際基幹教育機構
　　　　　　物理学グループ
発 行 者　　発 田 和 子
発 行 所　　株式会社 学術図書出版社
　　　　　〒 113-0033　東京都文京区本郷 5-4-6
　　　　　TEL 03-3811-0889　振替 00110-4-28454
　　　　　　　　　印刷　中央印刷（株）